U0014915

再難搞的下屬都能帶！從此不再爆青筋的42個應對下屬的技巧

100回言ってもできないダメ部下を動かす上司の言葉

日本第一家不動產貸款銀行SBI Mortage常務董事
橫山信治——著

陳美瑛 譯

前言

讀了這本書之後，你會改變對下屬的看法。

「這不是我應該負責的工作！」如果下屬這麼對你說，你會如何反應呢？

①「不要淨說些歪理，閉上你的嘴去做就對了。」
②「是喔，那我找別人來做好了。」
③「爲什麼？你不覺得這是你的工作嗎？」

以上三種說法都是正確解答。

但也可以說都不對。

所謂「職場小白」——

指的就是這種下屬吧。如果遇到這樣的下屬，你應該也會想要放棄吧。

不過，這種做法是不被允許的，因為，更正下屬的行為是主管的重要任務。

如果想要改正下屬的發言或態度，就必須先瞭解下屬說出口的話裡所隱藏的內心想法。

就算不同下屬說出相同的話，每個人的內心想法也各有不同。

大部分的主管都不考慮下屬的心情就下指令、生氣、感嘆，甚至直接放棄。

為什麼主管不考慮下屬的心情呢？

那是因為如果考慮下屬的心情，有時候會發現其實問題出在主管，也就是你自己身上，而不是下屬。

若是這樣的話就慘了。

發現自己犯錯對自己很不利呀！

平常你以為下屬犯錯是下屬的問題，沒想到原來問題出在自己身上。

我在工作場合中面對超過一千名以上的下屬。

本書便是以我在職場上的實際經驗爲基礎，透過不同案例來討論下屬內心的想法，並且提出具體的解決對策。

希望能夠幫助你瞭解下屬的心情，同時也能夠立刻付諸實踐。

你也會清楚地明白，下屬平常會做出令人無法理解的行爲，其實都是有其原因的。然後，你將會與下屬建立良好的關係，團隊業績也一定會因此而蒸蒸日上。

目錄

前言 ……… 003

第1章 如何讓無法遵守工作規則的下屬改變態度

01 總是改不了遲到的習慣！❶
你如果再繼續遲到，就要請你去跟人事部談話了。……… 014

02 總是改不了遲到的習慣！❷
雖然我看好你，但是如果你習慣遲到，其他人就不會服從你。請你務必準時上班。……… 018

03 無法好好地打招呼！
打招呼要有精神，這樣心情才會好！……… 022

04 開會時不發表意見！
我明白了，你的想法很特別喔。…… 026

05 不斷重複相同錯誤！
原因到底是什麼？是做法不對嗎？還是粗心導致錯誤？
我們一起找出真正的原因吧！…… 030

06 無法遵守最後期限！
先交出我要的那份報告！…… 034

07 無法傳遞正確資訊！
那就根據你提供的資訊來討論吧。…… 038

08 未獲得主管肯定就會堅持己見！
你這次做得好！…… 042

09 應聲蟲下屬！
你的意見很正確喔。…… 046

10 不接電話的下屬！
那個人總是很快地接電話，很好！…… 050

11 太過自信！
若你對自己那麼有自信，那就一定要讓大家向你學習。…… 054

12 經常嘆氣！
怎麼啦？發生什麼事了？說來聽聽啊（笑容）。…… 058

13 太多抱怨！
我瞭解你的想法，不過我的看法有點不一樣。…… 062

14 無法收納整理！
如果發生文件遺失、洩漏或是誤丟等狀況，
你也會被究責！…… 066

第2章

如何驅動藉口多的下屬

01 「這不是我的工作！」
我認為這件工作只有擅長的你最適任，你要不要試試看？……072

02 「課長您自己做做看？」
○○，那你覺得該怎麼做才好呢？……076

03 「我很忙！」
是的，你真的很努力，我很讚賞你。……080

04 「這件工作值得做嗎？」
不試試看就不知道，責任我來承擔，你一定要挑戰看看。……084

05 「可能會失敗。」
我會在一旁看著，你放手去做吧！……088

06 「請幫我加薪。」
你是對工作不滿意吧。如果做○○的話你覺得如何呢？如果改善○○的話，最後薪水一定會有所調整的。……092

07 「現在人手不足啊！」
瞭解狀況後先向公司說明，並且申請增加員工。……096

08 「我不知道該怎麼做才好。」
我的方法哪裡有問題？你可以跟我說。……100

第3章

如何激勵工作失敗的下屬

01 看不到工作成果。
與其勉強你高談闊論，還不如踏實地從定期拜訪客戶做起？ 106

02 因職位調動而影響工作士氣。
適應環境很辛苦吧，我能理解。 110

03 難以付諸行動。
責任由我來扛，你放手去做！ 114

04 因為客訴而導致低潮。
不用感到沮喪，失敗我會處理。 118

05 總之就是產生不了工作動力。
辛苦啦！我會一直為你加油的。 122

06 運氣總是很背。
部長也一直擔心你喔，情況總有一天會好轉的。 126

07 在最後一刻達成目標。
幹的好！真有你的。 130

第4章 如何讓小白下屬也想跟在你身邊

01 團隊齊心協力。
對於那種沒常識的客戶，放棄算了。 136

02 與下屬談話要用點心思。
你覺得那個方法真的會提高利潤嗎？
再想一想吧。 140

03 讓下屬產生自信。
這傢伙比我還重視貴公司，
是可以信賴的人喔。 144

04 消除下屬的不安情緒。
我相信你，全權交給你處理。 148

05 培養下屬的協調性。
你明明就這麼優秀，
但是卻沒有考慮對方的情況做事，
這點我無法認同你。 152

06 與年長的下屬好好相處。
○○，你經驗比較豐富，
像這種時候應該怎麼處理呢？
請你指導一下大家。 156

第5章

如何讓女性下屬定下心來好好工作

01 沒有通融的餘地。
這件工作能夠幫忙的只有妳了，拜託一下。 162

02 因情緒性的問題而無法負擔工作。
這一個小時，我會好好聽妳說。 166

03 淨說些抱怨的話。
每天都忙到這麼晚，辛苦了。謝謝妳的幫忙。 170

04 主張遭受不公平對待。
每個月面談一次，每次十分鐘。 174

05 明顯地依賴。
我很感謝妳這麼努力，
只是這件工作一定要在今天之內完成。 178

06 過於謹慎。
妳的○○能力非常好，請一定要運用這個能力提高業績。
我一定會支持妳的！ 182

07 把麻煩的工作推給其他同事。
這應該不是妳的工作吧，
妳還會幫同事的忙喔，謝謝妳！ 186

結語 190

第1章

如何讓無法遵守工作規則的下屬改變態度

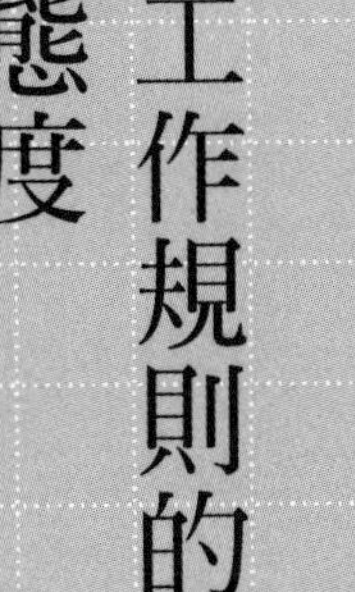

01

總是改不了遲到的習慣！①

「你如果再繼續遲到，就要請你去跟人事部談話了。」

！果斷地讓下屬知道「最差的情況」

◎單純給予罰則是無法改正遲到習慣的

遲到的藉口，主管自己不是更有經驗嗎？還有，下屬的遲到藉口眞是五花八門，什麼樣的說法都有。

我的下屬就曾經編出一些令人驚訝的藉口。

「水管破了，我一直壓著水管破洞不能放……」

「電車爆炸……」

（如果電車爆炸，應該會是頭條新聞吧！（笑））

不管怎麼說，如果同一個人不斷遲到，而你又採取視而不見的態度，那麼不僅你無法維持主管的威信，也會影響團隊的工作士氣。

我以前曾經訂出一個遲到就要「罰一千日圓」的罰則。

剛開始幾個月成果還不錯，遲到的人大幅減少。

不過，過了一陣子之後，「只要付錢，你就沒話說了吧」，像這樣堂而皇之遲到的人開始增加，罰則的效果就減弱了。

◎組織不能對業績好的人另眼看待

遲到的下屬有三種類型：

①主管寵愛；

②工作動力不足；

③精神上的問題。

本單元討論的是第①項。當主管面對這種情況時，無論如何都要以堅定的態度處理。

我曾經有一名業績優秀的下屬，每天都加班到很晚，以至於經常要搭末班車回家。

不過，這名下屬有遲到的習慣，次數多到一星期甚至會遲到三次。

直屬的主管，也就是業務部長因爲這名下屬的業績傲人，而且都加班到半夜才離開公司，所以對於遲到的行徑也就睜隻眼閉隻眼。

最後，整個部門的業績開始下滑，遲到、翹班的情況也變多了。

我看不下去，找來那名常遲到的下屬，問清楚緣由。

果不其然，這名下屬認爲自己的業績不錯，而且都加班到搭末班車回家，所以就算稍微遲到一下也不會有問題。

對於這樣的人，我的做法是清楚讓他知道，如果繼續遲到的話，我就會將他調離業務部，並且嚴厲斥責他。從那之後，他的遲到習慣就改過來了。

當寵溺是遲到的原因時，請以嚴格的態度應對。

「如果你再繼續遲到，我就會跟人事部討論調換你的職務。」

放任不管不僅對下屬本人不好，也會影響整個團隊的士氣。

組織不能因爲某個人業績好，就放任其不守規矩的行爲。

如果沒有一個公平的遊戲規則，組織就會因此而潰散。

總結

當寵溺是遲到的原因時，請以嚴格的態度應對。

02

總是改不了遲到的習慣！②

「雖然我看好你，
但是如果你習慣遲到，
其他人就不會服從你。
請你務必準時上班。」

提高下屬的自我評價

◎表明「肯定」下屬M先生的部長

如果是②那種因動力不足所產生的遲到現象，就算嚴厲斥責也不會有效果。即便暫時改善遲到的現象，效果也只是一時的。

當動力是遲到的原因時，請主管要肯定下屬的存在。提高下屬「自我評價」（想肯定自己的心情）的方法是有效的。

畢業於一流大學，內心充滿期待的新進員工M，沒有被分發到自己期望的經營企劃部，而是被分配到債權回收部。

同梯次進入公司的同事們都進入企劃部或業務部等熱門部門，唯獨自己被分發到債權回收部。M因此而感到悶悶不樂。

遲到、蹺班等變得習以爲常，最後被貼上無能員工的標籤。

當M進入這家公司的第三年時，同一所大學畢業的部長上任。

新上任的部長提拔M爲團隊領導人，並且對M這麼說：

「我對你的能力非常期待，你一定要成爲一位好的領導人帶領你的組員。不過我希望你能答應我一件事，那就是早上要準時上班。因爲遲到的領導人是不會有人服從的。」

部長像這樣清楚表達自己對M的期待。

M成爲八名特約員工的領導人，帶領一個團隊。成爲領導人之後變得意氣風發，就像變了一個人似地再也不曾遲到了。

成爲領導人的M，在工作中發揮所長，後來升任營業所長、分店長，最後還升上總公司企劃部部長。

◎對於遲到的下屬另外準備改善對策

對於動力不足的下屬，就算責備他們遲到的行爲，他們也會心生反抗，這樣反而帶來負面效果。遇到這種情況時，請思考可以提振下屬工作幹勁的方法吧。如果下屬充滿工作幹勁，遲到等問題也就不會再發生了。

若是因爲③精神上的問題導致身體不舒服時，用①的責備或②的提升幹勁等方法都不會有效果。這時就要建議下屬盡快找醫生診治。

就像這樣，雖然面對的都是慣性遲到的下屬，也要根據對方的狀況採取不同的改善對策。

身爲領導者不能不問來由地斥責或讚美下屬，要經常觀察下屬的言行舉止，找出對對方最有效的做法才是。

總結

如果遲到的原因是動力不足，
要以提升下屬的自我評價之言語或方法處理。

03

無法好好地打招呼！

「打招呼要有精神，這樣心情才會好！」

面帶微笑提醒下屬

◎不打招呼的下屬有各種類型

許多主管對於下屬打招呼的方式感到不滿，例如聲音太小，或是沒有與對方正面點頭打招呼等。

像這種情況，大部分人內心都會認爲，「都已經是社會人士了，怎麼可能連打招呼也做不好？」。其實，下屬無法好好打招呼有各種不同的理由。

下屬不打招呼的原因，主要有以下三種：

①害羞、沒有人教導；②環境；③對主管懷有敵意或惡意。

◎調整「教育」與「環境」

如果原因是①——沒有人教導的話，那只要教會下屬就好了。

當下屬打招呼的聲音太小，或是不看對方眼睛打招呼時，不妨以開朗的聲音與輕鬆的態度點出下屬的問題點。

「喂，○○，要好好看著對方的眼睛打招呼呀，這樣對方才會覺得受到尊重。」

「打招呼的聲音再大一點，有活力地打招呼，心情也比較好！」

不要以嚴肅的神情命令下屬，以開朗的語氣微笑提醒對方，效果會比較好。

如果是因爲害羞的緣故而無法好好打招呼，這是個性的問題，或許主管可以睜隻眼閉隻眼。

若是②環境的因素，最重要的就是打造一個習慣打招呼的環境。

如果下屬不打招呼，毫無例外地，主管所帶領的部門或是其他的員工、主管，也就不會習慣打招呼，而且大部分的主管都認爲應該由下屬主動打招呼才對。

下屬先打招呼當然會帶給人好印象，不過如果由主管主動大聲打招呼的話，下屬自然就會跟著做。

不會有下屬無視主管在眼前對自己打招呼的。愉快打招呼的部門自然會建立友好的溝通管道，也會積極面對工作挑戰。

至於③因爲對主管懷有敵意或惡意的緣故，而不對主管打招呼，這樣的案例就很少見了。

◎領導力是爲了「打造優質工作環境」而存在

教育不打招呼的下屬並沒那麼困難。下屬不打招呼並非惡意，只是習慣使然。如果主管率先打招呼，下屬也會跟著做，最後下屬就會主動打招呼。

關於打招呼的問題，其實門檻最高的就是主管與自己自尊心的妥協。

儘管下屬不主動打招呼，也不表示主管自己遭到忽視。

若想培育下屬，建立開朗、積極的工作團隊，請身爲主管的你拋棄自尊心，由自己帶頭做起吧。

領導力不是用來擺架子用的，而是用來建立團隊能夠順利工作的職場環境。

總結

對於無法打招呼的下屬，
主管要帶頭示範，自己先主動大聲打招呼。

04

開會時不發表意見！

「我明白了，你的想法很特別喔。」

！絶對不要批判或評論

◎你是否在不知不覺中打擊下屬？

「下屬在會議中都不發表自己的想法，這樣真的很傷腦筋呀。」讓我們來觀察一下讓主管發出如此感慨的會議實況吧。

主管：「關於本期的銷售策略，有沒有好的想法呢？」
下屬1：「以iPad當贈品如何呢？」
主管：「不行啦！這樣太花錢了。」
下屬2：「如果不要全部送，用抽獎的方式送呢？」
主管：「這樣做法太麻煩，不行。有沒有其他想法？」
下屬3：「用彩券當贈品呢？這樣不僅成本低，客戶還有機會中七億日圓的大獎呢。」
主管：「夠了，已經有競爭對手用這種方法了，老套。不行啦！」

其實主管總是在無意中打擊下屬。如果主管如此打擊下屬，久而久之，下屬在會議中就不會再提出自己的想法了。

◎徹底「建立」能夠踴躍發表意見的職場環境

若想要獲得下屬具有創意的想法，請注意以下三點：

①不要批評下屬的想法；

②不要評論下屬的想法；

③建立友善的發言環境。

前面的舉例當然有點極端，不過任何公司都經常可見類似的狀況。主管當然要避免不分青紅皀白就批判下屬的意見或創意，而且也請絕對不要評論下屬的想法。

鼓勵下屬自由發言，部屬彼此間也不要互相批判、評論。在友善的氣氛下，知道自己的意見不會遭受批判，我想下屬就會不斷說出自己的想法。

「我明白了，這個想法很特別喔。的確，一張三百日圓的彩券就能夠築一個七億日圓的夢想，很棒！」

如果都沒人提出意見時，主管可以率先舉例「像是以彩券當贈品之類的方法」，這樣會比較有效。

在大多數的會議中，身為主持人的主管通常會喋喋不休，其實是主管自己製造出下屬不敢提意見的氛圍。

當下屬天馬行空提出許多想法之後，接著就進入決定採用哪個想法的階段。贈送iPad的做法太花錢，如果不合乎成本效益，自然不會進入最佳方案之選，管理不容易的做法也一樣會被自然排除。

所以，最重要的是在最初的發言階段，不要直接否定下屬的意見。

建立輕鬆提出意見的職場氛圍是非常重要的，如此也可以提高下屬的工作幹勁。

總結

建立下屬踴躍說出想法的職場環境。

主管不要批判或評論下屬的發言。

05

不斷重複相同錯誤！

「原因到底是什麼？
是做法不對嗎？
還是粗心導致錯誤？
我們一起找出真正的原因吧！」

！共同找出原因與解決方向

◎下屬「不開口提問」的程度，遠高於主管所能想像的

「昨天不是說過了嗎？」

「是的，對不起。」

「為什麼一直犯相同錯誤呢？」

「對不起……」

許多主管對於不斷犯相同錯誤的下屬總是感到非常頭痛，不知該如何處理。

錯誤發生的原因很多，大致可分為以下三種類型：

①教育或說明不足；②超出能力的負擔；③本人缺乏幹勁。

如果犯錯的原因是①教育或說明不足的話，往下挖掘錯誤的原因就能夠解決問題。

仔細檢視為什麼會發生錯誤，確認到底是粗心犯錯還是根本不瞭解正確的做法。

下屬「不開口提問」的程度，遠高於主管所能想像的。

因為只要一提問，可能就會被嘲笑「你連這個也不知道嗎？」，或是被罵「同樣

的問題不要一直問！」因而對於提問感到畏懼。

當下屬犯錯時，主管經常會不分青紅皂白地開口責罵。

請確實瞭解下屬犯錯的原因，若是知識不足的緣故，那就好好教導一番吧。

如果能夠確認下屬已經瞭解了，請多加一句**「如果是○○你來做的話，一定沒問題，要有自信。」**，並且叮嚀**「有不懂的地方要問喔！」**。

◎經常掌握下屬的工作量

如果出錯的原因是②超出能力的負擔，那麼主管一味地責罵犯錯的部分，將會造成下屬對主管或公司心生不滿，最後終究會失去幹勁。

如果主管能夠經常注意下屬的工作量是最好的，不過主管自己也很忙，所以通常無法照顧到那部分。

就算是那樣，如果主管經常多問一句**「工作還好嗎？」**、**「有沒有傷腦筋的事啊？」**，就能夠接收到員工負荷過重的警訊了。

如果叫下屬加班或找其他人幫忙超額的工作，最後還是會造成遲到或蹺班情況增加，而導致工作效率變差。

若等到員工的不滿到達頂點才要處理，這時下屬的工作動力已經降到谷底，要重新激發工作幹勁得耗費更多時間。

有時候甚至會發生下屬辭職而無法挽救的情況，所以主管要好好地觀察下屬的工作負荷程度。

關於③本人缺乏工作幹勁的情況，有可能改善，但也可能無法處理。這部分請參考本書第三章。

總結

面對不斷犯錯的下屬，要找出犯錯的原因，利用教育或討論等方式解決。

06

無法遵守最後期限！

「先交出我要的那份報告！」

請明確說出優先順序吧

◎對於「期限」一定要以嚴格態度要求

不遵守期限的下屬靠不住。

最後一定會演變成主管自己做報告，或是工作被丟給可放心依賴的下屬完成。

下屬不遵守期限的原因大致分為兩種：

①不明白工作的優先順序，不瞭解期限的重要性；

②態度鬆懈。

①與②的對應方式稍有不同。不過，無論是哪個原因，主管都必須嚴格處理才行。

首先是①的情況。我曾經有位進入公司才第二年的下屬，這個人非常優秀，而且每天都努力工作到很晚。

他應該在網路上更新工作上要求的資格，結果期限到了都還沒完成更新，這導致他的資格不符，最後必須重新參加考試。

網路上的測驗一點也不困難，花三十分鐘就可以完成，但是他卻沒做好這件事。

這件事造成的傷害很大，甚至影響了組織的人事異動。

這就是他不瞭解工作優先順序的緣故。

對於無法在期限內完成工作的下屬，主管應該讓他們知道每件工作的優先順序。

前述案例的下屬雖然心態鬆懈了，但是並不代表他沒有能力。

這名下屬每天光是處理客戶的問題或是前輩交代的雜事，就要加班到很晚，經常是搭最後一班電車回家，但是他卻沒有處理最重要的更新資格工作。

◎避免無來由地責罵

前述的例子雖然比較極端，不過不是有許多人都不遵守簡單的資料、報告等文件的交稿日期嗎？

對於這樣的下屬，**請先確定原因，並與下屬一起思考工作的優先順序吧**。

「你不用再解釋了！」、「爲什麼沒做好呢？」你不分青紅皀白地開罵，下屬也不會因此而成長。

當下屬不明白工作的優先順序時，除了要建立隨時可以溝通的管道，也要指示下屬若無法趕上交期，也請事先報告主管。

「有沒有傷腦筋的事情呀？」平常就要像這樣經常關心下屬。

除此之外，建議主管平時就要灌輸下屬遵守交期的重要性。

「聽好，就算你能力很好，但是無法遵守期限的人就沒有升官加薪的機會。」可以像這樣清楚且嚴厲地宣告你的原則。

另外，關於②「態度鬆懈的結果」，請參考第三章。

總結

遵守期限是維持組織順利運作的重要命脈。

不僅要嚴肅以對，同時平常就要宣導其重要性。

07

無法傳遞正確資訊！

「那就根據你提供的資訊來討論吧。」

建立說出正確資訊的職場氛圍

◎首重「傾聽事實」

「你說的不對吧？」

「我沒聽過這樣的事。」

「為什麼不早點向我報告？」

依據下屬的不同個性，有的人不會報告正確的資訊，有的人會做出虛假的報告。

一旦下屬提供了錯誤的訊息，主管就無法做出正確的判斷。

我曾經在某處讀過一則記事，內容論述小朋友之所以會說謊，都是因為父母教育的問題。

小朋友說謊，是因為父母把他們逼到一個無法說眞話的環境所致。

同樣的道理也能夠套用在下屬的情況。

如果主管採取高壓、批判的態度，下屬就會感到害怕而無法說眞話。

◎不能任由自己的情緒發洩而責罵下屬

對於下屬的報告，絕對不要批評或攻擊。

「上個月的市場佔有率輸了A公司五％。」

「你說什麼！爲什麼會輸呢！你們有好好拚業績嗎？」

我很瞭解身爲主管的你很想脫口而出。不過，一旦採取這樣的態度，日後下屬就不敢報告難看的數字，也會設法拖延報告。

當下屬傳來負面資訊時，請保持冷靜的態度。

對於報告，就算是負面內容，也請冷靜地聆聽。

聽取下屬的理由時，請不要批評或馬上發表自己的意見。

等下屬報告完畢後再提問吧。

總之，要確認所有的事實之後再提問。

一個運作順利的組織，是一個任何人都能夠自由發表意見的環境。

雖然沒有必要寵溺下屬，不過打造一個能夠傳遞正確資訊的環境，也是主管的任務。

如果想從下屬口中聽到正確資訊的話，平常就要與下屬建立良好的溝通管道，維持一個下屬能夠放鬆說話的職場氛圍。

「這到底是怎麼回事啊！」像這樣的質問會讓下屬找出規避責任的藉口。

若想從下屬口中聽到正確的訊息，「客服中心接到好幾件來自你負責區域的客訴，**不過我想先聽聽你的說法……」**、**「那就根據你提供的資訊來討論解決對策吧！」**，必須像這樣採取「我沒打算責怪你」的態度。

總結

若想從下屬口中聽到正確訊息，對於下屬的報告就不要採取高壓或批評的態度。

08

未獲得主管肯定就會堅持己見！

「你這次做得好！」

掌握「好的變化」並適時說出口

◎重點式地稱讚改善的部分

「公司沒有給我合理的評價，這種公司不待也罷！」在職場上經常聽到員工如此抱怨。當然，這是在私下的場合聽到。

任何人都希望自己能夠獲得肯定。

在這裡我想討論如何處理抱怨自己「沒有獲得適當評價」的下屬。

一般而言，會抱怨「沒有得到合理評價」的下屬，其自我評價較低。

自我評價低的人的特色是，他們開口閉口都會把「爲什麼」掛在嘴上，例如「爲什麼我的意見……」、「爲什麼我的企劃……」。

也有人總是跟別人比較，然後把自己逼到退無可退的角落，例如，「○○總是得到長官的稱讚……」、「只有○○獲得主管青睞……」。

激發這些人的勇氣最好的方法，也是不二法門，就是找到他們的優點並且「讚美」他們。

不過，就算身爲主管，也不是完美的人，讚美下屬其實也很耗費精力。明明自己努力的更多，還要稱讚下屬「你做得很好喔！」，這眞的很難打從內心說出口。

我認爲無須勉強自己稱讚下屬。只是，如果還有多餘的精力的話，就請實踐看看吧。最重要的是，光是嘴巴講不會有效果，要認同下屬眞正做得好的部分，並且給予稱讚。

我建議的方法是，**抓住下屬做得好的時機**。

肯定下屬不經意做出的良好改變。

◎透過「守護」掌握下屬的狀況

下屬A老是不遵守交報告的期限，經常遲交。有時候我不催繳，他也就乾脆不交報告。

有一回不知刮了什麼風，A竟然提前一天交報告了。

我馬上抓住機會，大聲稱讚**「這次這麼早交報告啊，太棒了！」**

A露出開心又難爲情的表情。

大家工作告一段落，放鬆談笑時，我故意說：「你在期限之前交報告，太陽要打西邊出來囉！」

然後我又以**小聲但本人聽得到的音量說**：「這次的報告內容也做得很好。」A露出了滿臉的笑容。

從那天起，A就再也沒有遲交報告，而且報告內容也越做越好。

A不是能力差，只是面對身邊優秀的同事，內心產生自卑感，再加上沒有獲得長官肯定而失去工作幹勁而已。

身為主管的人應該以關愛的眼神守護下屬，這樣才能夠隨時發現下屬的些微變化。

總結

對於沒有獲得適度肯定的下屬，要稱讚他們正向的變化，讓他們知道有人關心著。

09

應聲蟲下屬！

「你的意見很正確喔。」

肯定下屬的建議並且誠摯告知

◎總之要讓下屬說出自己的意見

最近，越來越多的主管討厭唯唯諾諾的下屬。

主管並非完美的，就算對方是下屬，主管也想聽聽自己的判斷是否正確等客觀的看法。

然而，從下屬的立場來說，對於主管的判斷很難說出負面的意見。那麼，身爲主管的人該怎麼做，才能讓唯唯諾諾的下屬也能說出自己的想法呢？

T課長甫上任就對他的五名下屬宣布：「我最討厭應聲蟲，希望各位要經常擁有自己的想法，也能夠提供我意見。」

兩個月之後，我與T課長見面，T課長惱怒地表示：「下屬都只會聽話照做，難道他們都沒有自己的想法嗎？」

但是當我詢問T課長的下屬，每個人都神情黯淡地回答：「我們本來眞的以爲課長討厭唯唯諾諾的人，所以都踴躍發表自己的想法，但是我們的想法都會被課長反駁。」

這個案例說明了一切。

大部分的下屬都希望主管能聽聽自己的想法，沒有想法的下屬當然另當別論，但畢竟是少數。

最瞭解主管缺點的就是下屬了。

然而，主管最不想聽到的卻也是下屬指出自己的錯誤。

◎「觀察」並「認同」

請觀察唯唯諾諾的下屬。

這種下屬眞的只是沒有發表意見的能力嗎？還是有能力，但因有所顧忌而忍住不說？其實透過觀察就能夠簡單地分辨出來。

在面對下屬之前，請主管自己要先培養誠摯接納他人意見的氣度。如此一來，下屬自然無須顧慮太多，而能夠勇於發表自己的看法。

若想讓下屬輕鬆說出自己的想法，主管自己就要先承認自己的錯誤，例如**「前幾天的那個判斷，是我做錯了。」**或是承認下屬是正確的，例如**「○○的意見才是對的」**。

如果你是這樣的主管，下屬就會有自信而能夠說出自己的意見。

不過，有一點要提醒的是，應聲蟲下屬多也不是完全不好。在組織中，團隊成員必須遵守領導者的指令，迅速運作以獲得成果，所以二話不多說地遵循指令的下屬，在組織中也是非常重要的。

如果主管勇於承擔責任，就算應聲蟲下屬很多也無所謂。

只是，請主管不要認爲自己的決定都是對的，要注意不要成爲傲慢的獨裁者。

總結

主管要承認自己的錯誤，並且真心肯定下屬是正確的，這樣才能讓唯唯諾諾的下屬容易說出內心的想法。

10

不接電話的下屬！

「那個人總是很快地接電話，很好！」

特意大聲稱讚「辦得到的人」

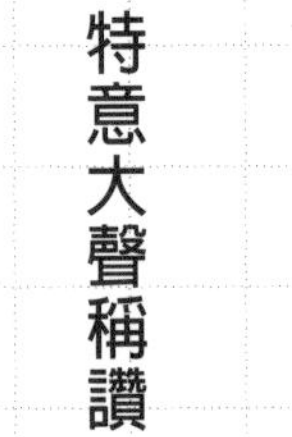

◎讓大家知道接電話的人工作忙碌，也獲得肯定

在辦公室經常會聽到員工抱怨同事不接電話。

客服中心的情況姑且不論，不過一般的辦公室不會設置專門接電話的人。

許多公司會教育員工關於電話應對的重要性。

但是，大部分公司對於接電話與不接電話的員工，卻沒有給予明確的評價。

中斷自己手邊的工作來接電話的人，我認爲應該給予更多肯定才對。

那麼，對於不接電話的下屬，要如何指導才好呢？

從客戶那邊打電話回公司時，我不會撥打某人的專線電話，而是撥我給客戶的那支電話。理由是，我想知道我的辦公室內，下屬接電話的速度與應對的情況。

也因此我發現接電話的總是同一個人。

而且，通常是忙碌的人接電話，而不是有空的人接電話。

雖說是接電話，也不是理所當然地一律給予肯定。

不過，接電話的人因此而增加工作負擔也是事實，而且有時候也會接到客訴電

話，相較之下，接電話的人就比不接電話的人吃虧。

針對這種不公平現象，身爲主管的人必須事先對下屬說明清楚。

不接電話的人只會心存僥倖，若主管沒有吩咐就會逃避接電話的工作。主管除了要強調職場上電話應對的重要性之外，也應該針對接電話與不接電話的員工，公正地做出不同的指導。

◎明白制定「接電話」與「不接電話」的評價標準

以主管的立場來說，只要部門的工作順利完成，對於誰接電話這件事或許就覺得無所謂，搞不好還會認爲無須太過在意這種瑣事。

不過，主管的任務就是弭平團隊內部的不公平。就算是瑣碎小事，其實也會造成下屬的不滿情緒發酵擴大。有的公司會教育員工電話應對或打電話的基本禮儀，但卻沒聽過有哪門課程教導員工要感謝接電話的人。

所以，主管要經常肯定或讚賞第一個拿起話筒的下屬。

「○○接電話的速度好快呀，謝謝你啊！」

「接電話的動作眞是迅速，感覺不錯！」

像這樣同時慰勞並稱讚第一個接電話的人，就明顯給接電話與不接電話者不同的評價了。

總結

對於不接電話的下屬，利用評價給予不同的評等。

11

太過自信！

「若你對自己那麼有自信，那就一定要讓大家向你學習。」

清楚教導「實力＝行動」

◎讓下屬經歷挫折，以削減其過度的自信

面對任何事都自信滿滿，對於主管的指示也能夠臉不紅氣不喘地反駁。主管面對這種下屬時，坦白說眞的很難平心靜氣啊。

我想應該有許多主管不知如何管理「過度自信的下屬」吧。

「過度自信的類型」有兩種：

①雖然有能力也做出一些成績，但是比較驕傲而且難持續；

②沒有明顯的能力，只有過人的自信。

我將針對不同類型提出不同的解決方案。

首先是①類型的下屬，遇到這類型的人就無須勉強改變他們了。

的確，這類型的人或許比較驕傲，很難讓人喜歡他們，不過在他們做出一個個成果之間，你只要默默地在一旁守候就好了。

「不謙虛」對於上班族而言是極爲不利的態度，不過面對這種人，主管只能在一旁看著，直到本人產生自覺爲止。或許這種說法很冷漠，不過他們總有一天會踢到鐵板。由於他們本來就具備優秀能力，如果有機會遇到挫折並且重新站起來的話，將會

成爲具備良好人際關係的優秀人才。

◎設定能夠證明其發言的場合並且進行測試

比較麻煩的是②這種類型的人。

這類型的人會擾亂團隊合作。雖然①類型的人也會影響團隊的工作氣氛，不過由於他們有能力做出成果，所以其他人的怨言不會浮上檯面。

②類型的人會削減團隊內部的向心力，如果放任不管，也會導致其他成員質疑主管的能力。

針對②類型的人，請客觀指出其錯誤的自信吧。

B員工的業績不佳，所以被公司轉調內勤單位。雖然他不是有能力的人，不過還是曾經獲得一次業績表揚。

這是在團隊業績低迷，思圖振作的會議中的發言內容。

「各位，把重點放在開發更多新客戶上就好啦，利用傳眞機做行銷啦！」

「這些方法都已經試過了。」

「你們的做法有問題吧。我以前可是透過傳眞機行銷而獲得業績表揚呢！」

衆人臉上都呈現厭惡的表情，這時課長對於無視他人情緒的B說：「既然你這麼說，那麼從明天開始，請你來負責以傳眞機開發客戶的業務，做爲大家學習的範本。」

「喔不，我現在屬於內勤單位，辦不到。」

「我會跟部長報告這件事，目標是〇億，就這麼說定了。」

對於顯然沒有實力卻過度自信的下屬，設定能夠讓他們證明自己所言的場景，並且讓他們實際執行，這也是一種方法。就算對方無法辦到，主管也要嚴格要求，就算對方反駁也絕對要貫徹到底。

這個做法的目的並非打擊對方的自尊心。若想建立良好的團隊合作氛圍，就要力求實力與言行一致。身爲主管的人應該盡早讓下屬知道這點才對。

總結

對於過度自信而能力不足的下屬，透過實踐建立良好的團隊合作。

12

經常嘆氣！

「怎麼啦？發生什麼事了？說來聽聽啊（笑容）。」

以爽朗的聲音促使對方產生自覺

◎嘆氣會意外地影響旁人的動力

經常聽到「嘆氣會趕走幸福」這句話。

在經常嘆氣、發出咋舌聲的人身邊工作，其實心情是會受影響的。嘆氣就是工作動力低落的表現。基本上經常嘆氣的人想法偏向負面，也經常會發出「好累喔」等感嘆。

我要求下屬避免使用「好累」、「做不到」等負面語言，因爲這類的話語會影響身邊同事的工作動力。

那麼，對於習慣嘆氣、咋舌的人，該如何處理才好呢？

「呼～」、「哎～」、「吼～」、「呿～」這類的感嘆詞，通常都不適合在職場中使用。

只是，會嘆氣、咋舌的人做出這種行爲是一種習慣，他們只是想消除壓力而已，並沒有其他的惡意。

要矯正不良習慣眞是難上加難的任務啊。

◎若無其事地「口頭」提醒

我曾經有位能力很強，但卻經常咋舌的部屬。

每每他發出咋舌聲時，周圍的同事就以爲自己是否犯了什麼錯而提心吊膽。

由於他本人毫無察覺，所以很麻煩。

於是，每當他又發出咋舌聲時，我就以驚人的音量大聲問他：**「怎麼啦？發生什麼事了？」**

他每次都會難爲情地回答：「沒有，沒什麼事。不好意思。」不久之後，這個咋舌的惡習就不再出現了。

對於經常嘆氣的女性下屬，我也是採取同樣的方法。

每每聽到女性下屬嘆氣，我就會一邊笑一邊說：**「沒有比嘆氣更深的煩惱了，說來聽聽啊！」**然後她就會臉紅，並與前面提到的男性下屬一樣趕緊道歉。

那位女性下屬並沒有完全改掉她嘆氣的習慣，不過至少頻率降低了。

或許這些一連串的動作是本人爲了消除壓力而產生的無意識行爲吧。主管以明顯的方式提醒，就會讓他們稍微收斂一點。

不過，這也要根據發生的頻率而定，如果情況太過分，放任不管就會造成工作環境的惡化。

無須太過嚴厲地警告，以點到爲止的方式，讓當事人對嘆氣的習慣產生自覺就可以了。另外，主管還有一個任務。如果無法在談笑中提醒的話，就要在個別談話時帶到這個話題，這也是方法之一。

也請注意不要以電子郵件、夾帶文件或是在衆人面前嚴格斥責下屬，因爲這樣可能讓下屬產生誤解。

總結

對於經常嘆氣的下屬，在談笑之間讓對方察覺自己嘆氣的惡習。

13

太多抱怨！

「我瞭解你的想法，不過我的看法有點不一樣。」

認同也要有所節制，坦率說出主管自己的想法

◎就算是傾聽也要有限度

我想任何人都非常清楚，抱怨是沒有好處的。但爲什麼還是有人會發牢騷呢？那是因爲抱怨的時候會提高自我評價的程度。

幾乎不抱怨的下屬開始有怨言時，主管就要仔細聆聽。無須給予任何建議，只要專心聽，點頭認同，下屬隔天就會恢復活力回到工作岡位上。

問題是，經常抱怨的下屬該如何處理呢？

對於這種下屬就必須採取嚴肅的態度。

許多主管認爲「傾聽是對的」，所以沉默地聽下屬發牢騷。如果主管只是沉默聆聽，下屬會以爲你認同他的說法，這樣對你或下屬都不好。

下屬抱怨最多的就是主管，其次是對公司與同事的抱怨。對主管的抱怨應該不會直接對主管本人說，因此以下我以對公司的抱怨爲例，來說明處理方式。

◎清楚確認主管自己所處的位置

發牢騷者抱怨的對象是其他人。

這種人習慣性地「認定自己是對的，錯的是別人」。

改變習慣抱怨的人非常困難，只要本人不想改變，抱怨的行爲就會一直持續下去。

由於對方是不會改變的，所以身爲主管的你就要清楚表明自己的立場。

「以前都是其他部門負責的工作，現在突然要我們來做，太不合理了，而且不能加班，這點我無法理解……」

「嗯，我明白了。你是無法理解其他部門的工作爲什麼會突然轉到我們部門吧。我瞭解你的想法，不過**我的想法有點不同**。我們的工作量確實會暫時增加，不過這樣的安排可以預防部門之間聯繫時的疏漏，或傳話錯誤等問題。還有，這次增加的工作所需的知識，以你們的程度比較高，所以**我認爲由我們部門承接這份工作，達成的效率會比較高**。我會建立一套習慣這份工作之後，不用加班也能夠完成的機制。關於這點，如果你帶頭努力投入的話，就算幫我一個大忙了。」

就像這樣，不要認同下屬的抱怨，請清楚說明主管自己的考量。

當然也不能從一開始就否定下屬，先聽聽下屬的想法之後，再說出自己的想法吧。

有時候下屬會理解狀況而改變抱怨的習慣，也有人完全不爲所動。不過，如果先清楚指出你的看法與下屬不同，下屬對你發牢騷的頻率就會降低。

主管絕對要避免的就是認同下屬的抱怨，並且一起說公司的不好。這麼做雖然能夠與下屬保持良好的關係，但是卻會導致你的立場變得不穩定，下屬也不會成長。

總結

不要認同下屬的抱怨，表明自己瞭解對方的想法之後，清楚說出自己的考量。

14

無法收納整理！

如果發生文件遺失、洩漏或是誤丟等狀況，你也會被究責！

讓下屬瞭解這件事的嚴重性攸關個人的去留問題

◎無法收納整理甚至會發生危及企業形象的風險

由於最近個資法的執行越來越嚴格，所以辦公桌上文件堆積如山的光景也不復見。即便如此，還是有員工的辦公桌或抽屜雜亂無章。

有非常多員工不知道文件放在哪裡，或是搞丟文件、辦公桌髒亂不堪等等，身爲主管的你要如何指導這類型的下屬呢？

有工作能力的下屬通常桌面上都是整理得乾淨整齊。

相反的，辦公桌雜亂無章的下屬又是如何呢？

不整理桌子的人不見得就沒有工作能力，有工作能力的人，有的也是無法整理自己的辦公桌。

只是，犯下文件遺失、文件遲交等重大失誤的人，都集中在無法收納整理的下屬。

對於辦公桌骯髒雜亂、無法收納整理的下屬，主管可以用半強制性的態度約束管理。

理由是，在最近社會氛圍重視承諾的情況下，如果遺失重要文件，極可能對公司的企業形象帶來巨大損失。

◎讓規則或架構徹底滲透

A課長的做法是讓怎麼提醒也不改善的下屬，透過同事的幫忙整理書桌與身邊的各種文件。

新上任的B課長在就任後，花了一星期的時間丟掉沒有用的文件。

C課長則制定新規則，除了禁止員工攜帶個人物品之外，下班後辦公桌也必須清空。

就像這樣，對於無法收納整理的下屬，只能透過特定的規則規範下屬的行爲。

另外，平常就要讓下屬知道收納整理的重要性。

「文件遺失、洩漏或是誤丟等，都有可能會引發重大的失誤或損失。平常不做好收納整理的員工，若發生這些問題，有可能會被究責，所以要非常小心。」

以如此嚴格的態度提醒下屬也無妨。

環顧公司內部，八成以上的員工都會確實整理辦公桌。身爲主管的人應該嚴格預防因爲部分員工不做好收納整理，而導致公司必須承受嚴重的風險。

說個離題的話題，如果公司的玄關、公共空間、廁所等保持得乾淨整潔，公司的業績也會提升。

最近「斷・捨・離」的觀念蔚爲潮流。我認爲這個觀念不僅適用於個人的住宅，也適用在公司的辦公室空間。

總結

對於無法收納整理的下屬，要徹底執行規定或制度並教育之。如果下屬辦不到，就要強制要求下屬整理，嚴格督促下屬改善。

第2章

如何驅動藉口多的下屬

01

「這不是我的工作！」

「我認為這件工作只有擅長的你最適任，你要不要試試看？」

！讓對方知道「我正在評估你的能力」

◎下屬拒絕任務有兩個理由

交代下屬工作時，對方卻以「這不是我的工作」為由拒絕，再也沒有比這個更令人感到焦急的事了。

在這種時候，主管很可能會怒火上升：「你講這什麼話，一點工作幹勁也沒有！」不過，其實會說出這話的下屬，內心可能隱藏著兩種理由：

①「這不是我的工作」→「我現在非常忙，完全幫不上忙」。
②「這不是我的工作」→「就算我做這件工作也得不到任何好處」。

其實，①與②有著共同的關鍵字。
那就是**「沒有獲得長官的肯定」**。
①明明我工作就已經很忙了，還交代我別的事情，根本沒有給我合理的評價。
②這本來就不是我的工作，如果接了這個工作，主管就會給我好的評價嗎？

◎如果表現出情感上的關懷與理解，兩者的心意就會相通

對於這樣的情況，**其實只要給予下屬適當的肯定就可以了**。

請對下屬說明為什麼明明知道對方工作忙碌，卻還要委託他多做這一件事。

「我非常清楚你的忙碌狀況，不過這件工作一定要交給你這位創意高手來做，我才能放心。」

這段話包含了兩個要素。

「知道你工作忙碌。」（肯定目前的工作狀況）

「我認為你適任，所以才委託你這件工作。」（肯定工作能力）

如果下屬能夠確認自己受到主管肯定，再怎麼忙碌也會接下主管委託的工作吧。

還有，當委託的事情辦完之後，請針對做得好的部分給予回饋。這將會提高下屬的工作動力。

主管往往認爲下屬完成交辦的工作是理所當然的。

大部分的主管認爲交辦工作時，無須一一考慮每位下屬的立場。

或許一開始身爲主管的你會覺得有點麻煩，不過只要對下屬展現些微的關懷與理解，雙方的溝通將會順利得令人不敢置信。

請身爲主管的你明白，拒絕工作的下屬並非「沒有幹勁」，而是對方正發出「就算做了，也不會獲得主管肯定」的訊號。

總結

對於說出「這不是我的工作」的下屬，請讓對方清楚明白「我正在評估你的能力」。

02

「課長您自己做做看？」

「○○，那你覺得該怎麼做才好呢？」

直呼對方名字，讓對方說出自己的想法

◎治療反抗的良方就是「主管先改變自己」

「如果您這麼說的話，那麼課長您來做做看如何？」

不管有沒有說出口，這句話都是許多下屬內心最想說的台詞。我上一份工作的後輩因爲業績差被分店長責備時，就說了一句：「如果您這麼說的話，那麼分店長您自己來做業務接單如何？」

可想而知，分店長當場勃然大怒。我想沒有一位主管面對反抗的下屬會感覺心情愉快的。

當時的我與那位對抗主管的下屬站在相同立場，所以非常瞭解他的心情。分店長經常在業務會議中高談闊論他在業務員時代的豐功偉業，並且誇口自己在任何環境都能夠做出好成績。

業績除了個人能力以外，也受到外在環境的影響。

當分店長還在當業務員時，是競爭對手少，公司正在擴展市場的時候，也是輕輕鬆鬆就能夠達到業績的時期。

當市場進入成熟期之後，經營業務的方式也會變得跟以往不同。

身爲主管的人非常難以處理反抗的下屬。

理由是主管自己面對下屬時，並不是愉快的心情。

經常有管理職的部長或課長來找我諮詢：「下屬不聽我說的，這眞的很頭痛，該怎麼做才能改善這種狀況呢？」

像這種時候，我都會先確認身爲主管的人是否做好改變自己的心理準備。若回答「有」，我才會教他們方法。若是面露詫異的神情，我就不多說了，因爲就算我教他們方法，情況也不會有所改變。

◎不可讓下屬服從你

下屬反抗的原因有極大部分是與主管有關。

若觀察反抗者的主管，毫無例外都是態度傲慢的主管，總是不分青紅皀白就訓斥下屬的錯誤，或警告下屬的態度。

如果主管自己是這種態度，下屬當然多多少少都會心生反抗。

首先，身爲主管的你請改變自己的思考方式吧。

主管的工作目的並非讓下屬服從自己，而是建立一個讓下屬感覺舒服的工作環境，藉此提高下屬的工作幹勁。若主管自己不明白這點，則無法改變反抗的下屬。

當下屬說出反駁的意見時，請主管先耐住性子，聽聽下屬的說法。

「○○，那你覺得該怎麼做才好呢？」像這樣直呼其名並且聆聽對方的想法。

接著請先暫時肯定對方的意見，**「我懂了，原來是這麼一回事啊。」**

如果主管認爲下屬的想法不對，也不要馬上否定對方，而是提出另一個想法：**「如果是這種情況的話，該怎麼做呢？」**像這樣先聽聽下屬的意見。

總結

面對反抗的下屬時，不要採取高壓態度，先聽聽下屬的說法，共同解決問題。

03

「我很忙！」

「是的，你真的很努力，我很讚賞你。」

唯有主管本身有自信，才能提高下屬的自我評價

◎不斷說「現在很忙」的下屬才是最強的勁敵

「我那時候很忙，所以沒辦法做。」

「我想做，但是沒有時間。」

經常看到下屬以「忙碌」、「沒有時間」為由拒絕工作。平常經常說自己「很忙」的人，表示其內心希望獲得更多來自他人的肯定。「忙碌」這個詞彙的另一面，也可以說是沒有自信與自我評價低落的表現。

另一方面，面對經常說「很忙」的人或是以「忙碌」當藉口的人，則是非常艱難的任務。

對於改善反抗的下屬的態度，我有許多成功的經驗，但是幾乎沒有成功處理過把「忙碌」掛在嘴邊的下屬。

「反抗的下屬」與把「忙碌」掛在嘴邊的下屬，兩者的不同點在於前者的原因在主管身上，後者的原因則在於下屬本人的想法。

本書是以主管的立場所寫的。

無論是「反抗的下屬」或「把忙碌掛在嘴邊的下屬」，原因都是下屬自我評價低落所造成的。

因此，解決對策是只要提高下屬的自我評價就可以了。

只是，若是「反抗」的下屬，有可能主管自己改變就足以應付，但是對於把「忙碌」掛在嘴邊的下屬，則必須由下屬自己改變才行。

主管或許可以透過努力改變自己，不過想要改變下屬的想法，難度則相當高。

◎主管自己也要努力提高自我評價

嘴上常說「忙碌」的下屬認爲自己明明這麼拚命努力，身邊的人卻不明白。因此發出訊號希望身旁的人多多給予認同。

自己雖然非常努力，周圍的人卻沒有給予肯定，爲了替這樣的自己發聲，他們就會在無意識中不斷強調自己「很忙」。

如果主管釋出**「你很努力，我對你期望很高」**的訊息，促使下屬提高了自我評價，或許就會減少強調自己很忙的頻率。

但問題在於身爲主管的「你」身上。因爲要掌控比下屬更忙碌的「你」的自我評價，是困難的。

包容不比自己「忙碌」的下屬的發言，然後還得說出**「你很努力，我對你期望很高」**，如果主管自己的自我評價不夠高，根本辦不到。

舉例來說，就算三歲小朋友對於自己畫得不怎麼樣的圖畫為傲，你也能夠說出「畫得眞好」的評語，這是因為你有信心自己畫得比三歲小孩好。

同樣的，只有比說自己很忙的下屬自我評價更高、更有自信，才說得出「我對你期望很高」這句話。

如果主管自己做不到這點，目前就先忽略下屬說自己「很忙」的習慣吧。

總結

對於口口聲聲說自己「很忙」的下屬，有自信的主管才說得出「我對你期望很高」。

04

「這件工作值得做嗎？」

「不試試看就不知道，責任我來承擔，你一定要挑戰看看。」

！只能採取下定決心、勇於承擔的態度

◎如果主管優柔寡斷、逃避責任，將會失去下屬的信賴

當下屬對於主管下的指令表示懷疑「值得做嗎？」，身為主管的自己內心多少也會產生動搖吧。

不過，下屬口出此言，可能有兩個理由。

①只是單純對於這項工作的必要性產生疑問；

②對於主管的反抗。

如果是①的情況，就算以下屬的角度來看是不必要的工作，但有可能以主管的角度來看是必要的，或是以公司的立場來看是重要的。像這種情況就必須對下屬說明做這件工作的必要性。對於堅持自己原則的下屬，主管只能說明清楚，並且讓下屬遵從指令。

若是②的話，責任就落在主管身上了。

對於主管的指令抱持懷疑的態度，這不是下屬沒有工作幹勁的緣故。

這是因為主管平常的行動經常優柔寡斷、逃避責任，所以下屬才會口出此言。

我以前也曾經指示下屬再打一次電話給拒絕下單的客戶，結果下屬反駁說：「橫山先生，這樣做有意義嗎？」

那時，我終於耐不住性子大聲吼叫：「這是主管的命令，照做就是了。」

由於那樣的態度，不僅打電話沒有任何效果，也失去下屬對我的信賴了。

◎重拾承擔責任的態度

「做這件事有意義嗎？」這句話的背面隱藏著以下幾個含義。

「我遵從你的指令做這件事真的沒問題嗎？」

「如果失敗了，你不會卸責落跑嗎？」

當下屬說出那句話時，表示主管平常可能就有逃避責任的習慣。例如「我本來是反對的，都是大家要做」、「我也反對那件事，是部長下令堅持要做，所以我也沒辦法」。

我那時候是在指示下屬再打一次電話後，習慣性地說：「我也不知道有沒有效，不過這是公司的命令，我也沒有辦法。」

那句話的意思是，就算失敗也不是我的錯，責任在下這個指令的公司上。如果仔細觀察下屬的言詞，就能夠讀取他們對主管的看法。

可以說下屬的發言就是「反射主管自己的鏡子」吧。

若想要獲得下屬的信賴，主管必須下定決心承擔所有責任。當下屬說出「做這件事有意義嗎？」表示你與下屬之間還沒建立信賴關係。

或許會花一點時間，不過如果你表現出負責任的態度，下屬就不會質疑你的指令了。

身爲主管的你，請主動發出**「不試試看就不知道有沒有效。一切由我負責，希望你可以積極挑戰這個工作」**的訊息吧。

總結

當下屬質疑主管的指令時，請主管發出自己將會承擔責任的訊息。

05

「可能會失敗。」

「我會在一旁看著，你放手去做吧！」

引導下屬體驗成功

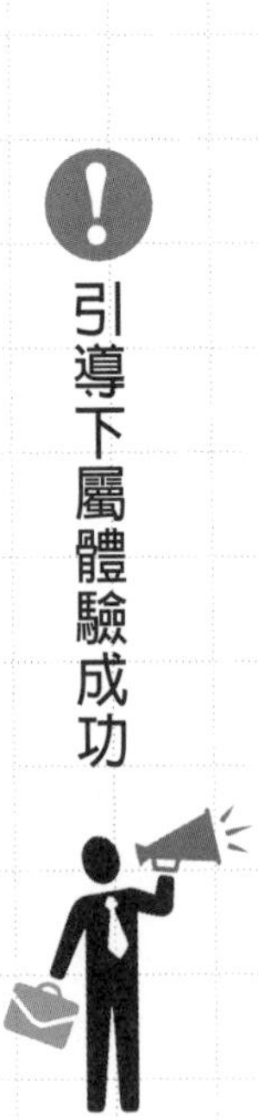

◎因爲有主管的守護，所以下屬能夠放手去做

當下屬對於主管交代的工作表示「沒有自信」時，相信身爲主管的人都會感到沮喪吧。

很想知道爲什麼下屬會放任這樣的機會流失。

當下屬對於主管交代的工作表明「沒有自信」時，有可能是以下兩種情況：

①因爲自己做事經常失敗，所以沒有信心能夠達到主管的期待，順利完成任務；

②沒有自信能夠完成主管交代的工作。

以上兩種類型的處理方式當然不一樣，只要看主管與下屬的行爲就能夠簡單分辨兩者。

①對工作沒有自信的下屬。

請跟下屬好好談談，確實找出失去自信的原因吧。

瞭解下屬到底是因爲不曾做過，所以沒有自信，還是因爲過去的失敗而失去信心。

除了簡單的建議之外，也請告訴對方：**「沒問題啦，我會在一旁看著，你放手做就對了。」**

如果讓下屬明白你一定會盡全力支援的話，下屬就能夠下定決心投入工作。

另外，一開始先降低工作的難度，讓下屬逐漸累積成功經驗，這也是另一種變通的方法。

◎明白指示「全權交給你處理」

②的狀況表示下屬平常就對主管的指令感到不安。

這表示主管以前的態度有問題。

- 指令經常改變；
- 中途停止；
- 對任何事都要插手。

以上任何一種行爲都會使下屬失去工作幹勁。

這類的主管會搶下屬的功勞，就算任務失敗也不會負責任。

首先，主管自己要重新檢視自己的工作方式，如果對下屬清楚保證**「這件事我全權交給你處理，你放心做，沒問題的。有任何困難都可以找我商量」**，相信下屬也會因此而放心投入工作。

②的情況通常下屬都是有能力的，如果信任下屬並且全權委託，工作將會獲得良好的成果。

總結

對於沒有自信的下屬，讓他們累積成功的經驗；有能力的下屬則要全權委託。

06

「請幫我加薪。」

「你是對工作不滿意吧。
如果做○○的話你覺得如何呢？
如果改善○○的話，
最後薪水一定會有所調整的。」

! 接受、提出、激勵

◎對薪水不滿意是高估了自己的能力

「請幫我加薪！」，身為主管的人應該都曾經被下屬要求加薪吧。有的員工會說出內心的不滿，抱怨「薪水太低」，但幾乎不會有人說「我拿到的薪水非常符合我的工作內容」。

大部分的人都高估自己的能力，也認為自己多拿些薪水是應該的。說「薪水太低」的人分為兩種：

①與貢獻度相比，薪水真的太低；

②本人誤以為自己應該多拿些薪水。

絕大部分的人屬於②。

如果是①的話，就算暫時不滿意，但隨著時間過去，其薪水、職位也會跟著提升。若是沒有往上提升，也還有換工作的選項。公司為了避免優秀人才流失，應該也會提高薪水挽留人才吧。

以下針對②來討論。

◎複述對方所說的理由

我與下屬見面談話時，經常被下屬要求「加薪」。

有的人只是簡單說自己的薪水太低，也有人說跟誰比較後自己的薪水太低。不管是哪種情況，都是對公司給的評價過低所發出的不滿。

對於評價低的下屬，聆聽下屬說話或是提高下屬的自尊心等方法都是有效的。

不過，對於「薪水」的不滿，無論如何結果都會呈現在數字上，如果抽象式地應對，反而會失去下屬對你的信任。另外，也必須明確指出下屬沒做好的部分。

只是，如果一下子就點出下屬不對的地方，極可能會遭到反駁，所以請先聽聽下屬的說法。

當對方開口直接說出「我不滿意現在的薪水」，你就要盡量聽聽對方所說的各種理由。

然後複述這些理由：

「我每天都加班到最晚，公司卻沒有給我應有的肯定。」

「這樣啊，你每天工作都拚到很晚喔。」

像這樣認同對方說出的內容。

接著具體指出對方應該改善的部分。

總之，就是讓對方知道主管著重的是下屬的哪個部分。

等到下屬的不滿情緒逐漸緩和，最後再說：**「把能夠改善的部分做好，然後以目前的方式繼續努力，總有一天你的付出一定會反應在薪水上，因爲我對你非常有信心。」**

許多下屬會因這一席話而明白實際的狀況，事實上也有很多員工願意繼續努力，並且獲得加薪的機會。

總結

對於不滿薪水的下屬，傾聽對方的想法後，具體指出應該改進的部分，並且讓對方知道如果繼續努力就有加薪的機會。

07

「現在人手不足啊！」

「瞭解狀況後先向公司說明，並且申請增加員工。」

請具體掌握真正的狀況吧

◎緩和下屬的不滿情緒，掌握問題點

主管經常會被下屬要求增加人手。

對於這樣的請求眞的覺得很困擾。

公司要求以目前的人員配置達成目的。雖說自己是主管，也沒有擅自增加人員的權力。

即便如此，對於連日加班努力工作的下屬所提出的要求，也不能置之不理吧。

到底該怎麼做才好呢？

針對下屬所發出的任何不滿，應對的方法有一個共通點，就是一開始要好好地聆聽下屬所說的話。

就算是無法馬上解決的問題，也請從聆聽開始做起。

「沒辦法耶，我沒有權力處理人事問題……」，如果這樣回應，馬上就會失去下屬對你的信賴。

如果主管表示自己理解職場的現況，下屬的不滿情緒也會緩和下來。

其次是確認忙碌的情況是暫時性還是經常性的情況。

若是暫時性的情況，請對下屬說明**「雖然很辛苦，不過請再堅持一下」**，像這樣讓下屬明白再努力多久的時間就可以結束忙碌的狀態。

若是經常性的情況，請對下屬說明**「我瞭解了。總之，我會向公司（主管）說明情況，申請增派人手」**，然後向公司申請增加人員。

◎以調整員工配置後的觀點來改善工作狀況

在此要說明對公司（主管）的報告方式。「這是下屬的要求」，這樣的說法一定要避免。

始終都要以自己的意見說出，**「我並不是要求公司要立刻做到，不過，以目前的人員配置來說，工作量非常吃重。我這邊當然會盡量提高下屬的工作效率，不過也懇請上級能夠瞭解基層的情況。」**

對公司報告業務現況，同時自己主動提高工作效率，相信下屬也會支持你的。

我公司的情況也是如此，調整工作順序、重新檢視是否有無謂的作業等等，光是改變這些就能夠縮短工時的案例不勝枚舉。請不要以慣常的角度看待工作現場，應該以重新配置後的角度來確認工作狀況。

停止已經習慣的工作需要勇氣，不過請果敢地篩選出能夠刪減的工作吧。大部分的情況都不會讓你陷入危險的狀態。

舉例來說，我以前只是購置一個防火保險箱就減掉了兩人份的工作量。

下屬光是處理平常的業務就已經費盡心力了，根本沒有多餘的時間精力改善工作內容。

如果主管給予一些提示，將能夠在意想不到的地方簡化工作量。

總結

針對下屬要求增加人手的請求，除了確認狀況、向公司報告之外，也要設法提高工作效率、簡化工作。

08

「我不知道該怎麼做才好。」

「我的方法哪裡有問題？你可以跟我說。」

問出下屬的真心話，一起思考改善對策

◎對於主管的做法有所不滿

許多主管聽到下屬說，「我不知道該怎麼做才好。」，通常都會直接解讀字面上的意思。下屬是眞的不知道該怎麼做嗎？

下屬所謂「不知道該怎麼做才好」，或許意味著「我對你的做法感到不滿」也說不定喔。

遇到這種情況，一開始就要分辨是「眞的不知道該怎麼做」，還是「對主管的做法感到不滿」。

首先，請先詢問下屬「哪裡不懂」。如果下屬眞的不瞭解做法，就會具體說出哪個部分的什麼事情不懂。

這時，請對下屬說明為什麼要這麼做、希望對方如何處理等等。只是，如果下屬眞的不瞭解做法，通常都不會對主管說，而是會詢問同事才對。

「我不知道該怎麼做才好」這句話，多半是對主管的做法感到不滿。

例如，主管剛好看到一本商業相關的書籍，覺得非常認同，因此把書籍與做法硬塞給下屬。

書中所寫的工作方式雖然沒有錯，但卻不見得適用所有的公司。行業種類、公司情況、下屬（主管）的能力等等，一件事情的成功是需要結合眾多因素的。

無視這些背景而一味追求主管自己的理想，這種做法將會招致下屬的反抗。

◎減少下屬的不滿，致力改善現狀

S課長讀了一本職場相關的書籍，非常認同書中介紹的工作方法，於是立刻指示下屬也採用相同方法。

下屬一連數日被迫採用書中介紹的工作模式，篩選資料、製作報告等。但是就算結果與書本所描述的不同，S課長也無從判斷起。下屬的時間一直被占用，對於不會提升業績的工作方式感到不滿，最後對S課長的指示說出：「我不知道該怎麼做才好。」

當下屬對於主管的工作方式感到不滿時，主管只能傾聽下屬的真心話，與下屬一起思考改善方式。

雖然需要一點勇氣，不過請身爲主管的你虛心請教下屬，**「我的方法哪裡有問題？你能告訴我嗎？」**

像這樣詢問下屬的意見，並且說明自己是基於何種想法才會採用這個做法，讓下屬與自己同步。

在下屬內心充滿不滿情緒的狀態下強迫下屬工作，這絕非最佳對策。

總結

考慮下屬的情緒，聆聽下屬的意見，共享工作的最終成果。

第3章

如何激勵工作失敗的下屬

01

看不到工作成果。

「與其勉強你高談闊論，還不如踏實地從定期拜訪客戶做起？」

！

對於下屬的存在表示感謝，並且給予具體建議

◎讓下屬明白任何人的存在「都是有用的」

有的下屬明明能力就不差，但是業績就是做不好。

像這種情況，因著主管輔導的方式不同，下屬後來的成長也會有所不同。

不只是公司，在我們長久的人生中，有順利的時候也有挫敗的時候。當然也會發生就算拚命努力也看不到結果的情節。

對於處於這種狀況的下屬，身爲主管的人該如何對待呢？

以下是我一名下屬的故事。

C君被客戶的問題連累，情緒變得非常低落。

當然業績就因此而受影響。

C君耐不住，於是找他的主管F經理談話。

F經理聽了C君的描述，首先指責C君的應對方式。

「C君，你面對客戶的問題時，是不是優柔寡斷呢？」

「你不該說這是公司的指示所以沒辦法，應該負起責任說點什麼才對啦。」

雖然F經理的指責並沒有錯，但是C君聽到經理的責備，心情越發低落，更難脫離沮喪的情緒。

最後演變成C君開始說公司的壞話，直到改善對客戶的對策後才結束。

另一方面，另一個部門的E君也跟C君一樣，因為相同煩惱而陷入低潮。

那時他的主管N經理則對E君這麼說：

「客戶有百百種呀。因為有你幫我應付他們的不滿，所以我這邊才沒有被客戶抱怨，**有E君在，幫了我很大的忙。**」

N經理這句**「有E君在，幫了我很大的忙」**，不僅提高下屬的工作動力，下屬也明白自己的存在是有價值的，因此而增加自信。

◎越是具體的建議，越能夠提高下屬的幹勁

主管簡單的一句話就會大大地改變下屬。

請經常觀察下屬的狀況，思考如果自己也處於相同立場，會想聽到主管對自己說什麼？

指出下屬的錯誤是主管的重要任務沒錯，只是，當下屬陷入低潮，處於逆境時，就算指責也是沒有意義的。

下屬陷入低潮時，主管的關懷是最有用的。

首先，請為下屬加油打氣，等下屬恢復活力後，再建議改善的辦法吧。

建議的內容要符合對方的個性與行事風格，例如**「你很誠實，所以與其勉強你變成能言善道的人，還不如定期拜訪客戶，提高客戶對你的信賴度」**、**「你是一個非常優秀的人，但是比較容易虎頭蛇尾，如果能夠在極短的期間內同時進行多項工作，應該更容易成長吧」**，像這樣給予具體的建議最好。

總結

對於有能力，工作卻不順利的下屬，請給予信心而非指責缺點。

02

因職位調動而影響工作士氣。

「適應環境很辛苦吧，我能理解。」

！

不習慣是造成士氣低落的最大主因，請讓下屬感到安心吧

◎「我能理解」這句話包含三種含意

由於人事異動或職務調動的緣故，而必須轉調其他部門或其他分公司，下屬會因爲不熟悉的環境而感到不安。

從文件的收納位置到辦公室的規則等等，都跟原來的環境不同，會感到不安也是正常的。

這種時候很容易犯錯。

但這不是能力的問題，而是因爲不習慣所產生的失誤。

如果沒有談話的對象，下屬會一個人悶在心裡而陷入低潮。

像這種情況，應該給下屬什麼樣的建議才好呢？

K子小姐從大公司換工作來到這家公司上班。在沒有同齡的女性擔任要職的公司裡，K子小姐因爲前一份工作的亮麗成績而獲得主任的職位。

K子小姐本來就是責任感重又老實的女性。雖然能力強，但做事方法不對，所以新工作沒有做得很好。

過了三個月，K子小姐因為小小的失誤而無法發揮原有的實力。

有一天，K子小姐以自己對公司沒有幫助為由，向主管Y課長提出降職為一般員工的申請。

這時，Y課長說：「在不熟悉的環境中很辛苦吧，**這我能理解**。」由於Y課長的一句**「這我能理解」**，K子小姐知道有人理解自己的狀況而感到安心，也拾回對自己的信心。

Y課長的「我能理解」這句話包含以下三種意義：

①我知道你的能力很強喔；

②我知道你在不熟悉的環境中工作不如預期的情況；

③與資深女同事們之間的問題我也都知道喔。

◎始終相信下屬的能力

從那天開始，K子小姐發揮了她原有的實力。

本來對她抱持不滿的女同事們，也逐漸瞭解K子小姐是真正有實力的人，因而消弭了彼此間的隔閡，也能夠互相討論工作上的問題了。

Y課長的應對非常高明。

如果主管不明所以的介入女同事之間的紛爭，很容易會被視爲偏袒的行爲，這樣反而讓K子小姐更陷入不利的狀況。有時候不要安慰、勸導當事人還比較好呢。

就算不是說「我能理解」這句話也沒關係。

最重要的是主管要守護下屬、相信下屬的能力。只要能傳遞主管這樣的心情，說什麼都可以。

總結

對於因環境改變而無法發揮能力的下屬，主管要表現出相信下屬的能力，並且給予支援的態度。

03

難以付諸行動。

「責任由我來扛，你放手去做！」

主管果斷的決定會激勵下屬奮發振作

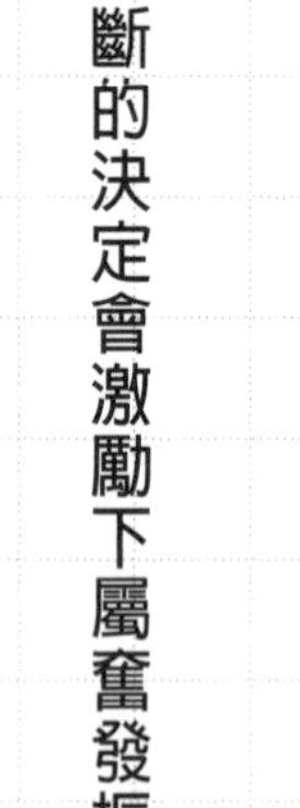

◎正因爲下屬沒有自信，主管更要扛起責任

在職場上經常看到就算主管已經下了指令，下屬還是遲遲不肯付諸行動。對於總是擔心風險而不敢行動的下屬，相信身爲主管的你也感到非常困擾，不知如何處理吧。其實下屬會有這樣的表現可能有以下三種理由：

①自己一個人無法負全責；

②本來就是藉口多的人；

③個性上欠缺行動力、執行力與決斷力。

在此先針對常見的①說明。

就算主管下了指令也不付諸行動，這是不相信自己能夠順利完成工作的表現。還有，其中也隱藏著未來自己無法負全責的不安。

以下透過實際案例來說明吧。

在Ａ公司的會議室中，會議遲遲無法做出結論而陷入僵局。

公司指示要調漲主力商品的價格。

業務四人與課長在會議室中，討論該如何向客戶宣布這個消息，但是遲遲沒有結論，時間一分一秒地過去。

若只是告知客戶商品要漲價，那當然沒有什麼問題，問題在於公司還要求業績不能因此而下降，爲此大家傷透腦筋。

競爭對手以更低廉的價格銷售類似商品，漲價之後能否保住業績？任誰都會感到不安。

這時，D課長開口說話了。

「就坦白對客戶說吧。由於原物料漲價，公司調高商品價格也是不得已的事情。**所有的責任由我來扛。**」

衝著課長這句話，下屬們拋開心頭負擔，全體人員全心全力保住業績。

由於領導者的決斷力，下屬便開始付諸行動。

全體人員都能夠誠心誠意地與客戶溝通。

◎做好充分的心理準備就不會導致大失敗

結果事情沒有想像中的難，原本擔心業績下滑的情況並沒有發生，相反地，由於競爭對手也跟著漲價，這使得A公司的業績不斷提高。

下屬的行動當然要由主管負責。

不過，身爲主管的人無論如何就是很難承諾這件事。

主管是否做好**「負全責」**的心理準備，這決定了下屬的行動。

如果以轉嫁責任的心態工作，很容易會把失敗推到別人身上，這樣就無法在工作中成長。但若是主管下定決心不管行動的結果如何，自己都會負全責，那麼就算這次失敗，也還會有第二次機會。

總結

如果主管有負全責的心理準備，員工的士氣會提升，下屬也會成長。

04

因為客訴而導致低潮。

「不用感到沮喪，失敗我會處理。」

！跟下屬站在同一邊，問題解決後再給予指導

◎客訴造成的士氣低落很難處理

只要在職場工作，相信每個人都會有遭到客訴的經驗。

客訴很容易被視爲壞事，不過其實客訴通常也是成功的契機。

據說東京迪士尼樂園曾經是客訴次數最多的地方。

園方把客訴視爲改善缺失的提醒，因此迪士尼樂園現在才能成爲日本第一的主題樂園。

客訴就是客戶的期待值。正因爲期待程度高，所以客人才會特意讓公司知道。我們也都是一邊經歷客訴一邊成長而來。

即便如此，還是有被客訴擊敗的怯弱下屬。許多下屬因客訴而陷入低潮，這也是事實。那麼，身爲主管的人該如何處理因客訴而陷入低潮的下屬呢？

因客訴而自責、沮喪的下屬，很難對他們說些什麼。

這類型的下屬有兩種：

①堅持自己沒有錯；

②情緒陷入自己失敗的情境中。

若是①的話，請參考第二章討論藉口多的下屬單元。

聽了下屬的藉口之後，再對下屬說：「我瞭解狀況。確實當時有無法控制的因素。不過，你也要好好想想自己是不是有值得反省的地方，如果不反省的話，你永遠不會從失敗中學到教訓。」就算話說得稍微嚴厲也無妨。

如果對方沒什麼反應，那就放棄吧。改變卸責的人需要耗費許多時間，而且也不見得會得到滿意的結果。

◎主管自己也要輕鬆應對

如果是②的情況，就請主管要好好地守護下屬。

我在進入公司第三年時，曾經犯了一個大錯，這個錯誤爲公司、客戶帶來巨大的損失。

由於明顯是自己的失誤，所以當時我陷入極度的低潮。主管陪著我一起向客戶賠罪，並且也獲得客戶的原諒，但是對公司造成的損失仍舊無法彌補。

賠罪結束的回程中，主管以爽朗的聲音笑著對我說：「橫山，別垮著一張臉，**我**

會在旁邊幫你收拾善後啦。」

我自己也被主管的宏亮笑聲引得發笑。

下屬遭受客訴或失敗後，一定會馬上陷入低潮。如果此時嚴厲斥責，將更削減下屬的自信，也無助下屬的成長。

在下屬重新站起、恢復冷靜之前，請在一旁好好地守護下屬吧。

總結

對於因客訴而陷入低潮的下屬，主管要成為強而有力的夥伴。等下屬重新站起之後，再來討論應改善的缺點也不遲。

05

總之就是產生不了工作動力。

「辛苦啦！我會一直為你加油的。」

「我會守護著你！」讓下屬明白你的心情

◎不要做出無謂的激勵

激發下屬產生工作幹勁的方法很多，方法是否奏效取決於下屬的性格與所處狀況而定。

在此以一個因一時退步而陷入低潮的下屬爲例來說明。

當下屬陷入低潮時，主管通常會想方設法鼓勵他們。

在這種情況下，讚美的話語反而會帶來反效果。

當下屬認爲「這件事沒做成功，我的能力眞差」而陷入低潮時，就算聽到旁人說「你眞的很棒喔！」，他們也不會有什麼感覺吧。與自我評價不一致的讚美，他們是無法敞開心胸接受的。

特別是原本就是優秀的下屬，更不希望受到主管或同事的同情。顯而易見的客套話很可能會被視爲同情他人的語言。

雖說如此，如果什麼都不說，也是無法把心意傳達給對方。

這時要掌握一個重點，就是「若無其事」。

「若無其事」地讓對方知道你一直在身邊守護著他，把這樣的心情傳達給對方就好了。

◎簡單地推他一把

我擔任業務員時，曾經有過業績低迷的時候。
就算接到訂單，也會被客戶取消訂單。
這是當時我獨自留在分店寫業績報告時發生的事。
本來應該已經下班的分店長因爲忘了帶東西，所以又折返辦公室。
當然，他知道我正在寫業績退步的報告。
「橫山，**忙到這麼晚，辛苦了。我會爲你加油的！**」
分店長這樣的一句話讓我感到非常高興，工作動力也一下提高不少。
「分店長注意著我呢。」
「分店長很重視我。」
聽到分店長說，**「我會爲你加油！」**，我內心默默地回答：「謝謝分店長。」

如果下屬不瞭解工作方式，這屬於技術問題，必須教會下屬能完成工作的技術。但如果是情緒低落的問題而非技術問題，比起討論方法，「若無其事」地爲對方加油這種傳達訊息的做法，通常比較不會傷下屬的自尊心，也會獲得正面的回應。

對於鑽牛角尖的下屬，不要使用冗長的說明，以簡短的一句話讓對方解除壓力，這樣會更有效果。

總結

對於失去動力的下屬，以輕鬆的態度為下屬加油吧。

06

運氣總是很背。

「部長也一直擔心你喔，情況總有一天會好轉的。」

端出主管的主管激勵下屬

◎高層的「運氣與幸運」經驗談更添說服力

與前一單元提到陷入低潮的下屬類似的案例是運氣總是很背，有的人不管怎麼認眞打拚，到最後努力都會白費。

像這種情況也跟上個單元一樣，以若無其事的態度說「你只是剛好運氣差而已啦」，透過這樣的方式讓下屬知道有人關心他。

以下是在地方分公司業績很好，因此高昇到大阪中央分公司的H的案例。

H接手前任業務員所負責的客戶，在緊要的關頭上，原來主推的A商品卻停止銷售。在前任業務的手上，主要客戶的業績比重占很高，而且幾乎所有的訂單都來自於停止銷售的A商品。

H極力推銷其他商品並且努力開發新客戶，但是成績總是不盡理想。

在每天早晨的業務會議中，H被主管G課長叮得滿頭包，已經快撐不下去了。

有一天，G課長的主管J部長就坐在H旁邊，然後J部長說了一段話。

「你以前在廣島是Top Sales吧。你絕對不能著急。**當你運氣很背的時候，千萬別著急**。我以前年輕的時候啊，曾經有段期間不管簽了多少新客戶，那些客戶都會倒閉。還有啊，新接洽的商家希望我前去拜訪，結果我剛好有事無法前去，於是請同梯的同事代勞，結果同事簽了一張大單子回來，還受到公司表揚。那時的我眞是衰到一個徹底啊。不過，只要不氣餒繼續努力，你一定會體會到什麼叫時來運轉。」

說完，J部長就離席了。

平常幾乎沒交談過的部長突然發言，H頓時張大嘴不知如何回應，然後主管G課長來到H身邊：「部長也很關心你的狀況喔。」

「是課長您拜託部長的嗎？」

「跟我沒關係喔。」說完，G課長拍拍H的肩膀回到座位上。

◎以經驗＋一點點鼓勵勉勵下屬

有各種方式讓下屬知道他現在運氣不好。

應該讓下屬知道他現在正處於逆境中，不過只要努力熬過去，一定會有好成績出現。不過這些話如果直接講白了，聽起來很像說教。

像這種情況，以若無其事的態度聊聊主管自己的經驗談效果最好。

Ｇ課長的做法則更細膩，他請Ｊ部長說出部長自己的經驗談，這樣的做法會帶來兩種效果。

一是會激勵自己的下屬。

再者，自己的下屬Ｈ本來就很優秀，現在只是剛好運氣比較差，透過這種做法就有保護下屬的效果。

總結

對於運氣較差的下屬，除了肯定他們之外，也要關心下屬，讓他們的想法變得積極。

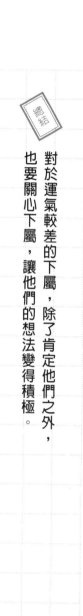

07

在最後一刻達成目標。

「幹的好！真有你的。」

達成目標剛鬆一口氣時，立即給予讚賞

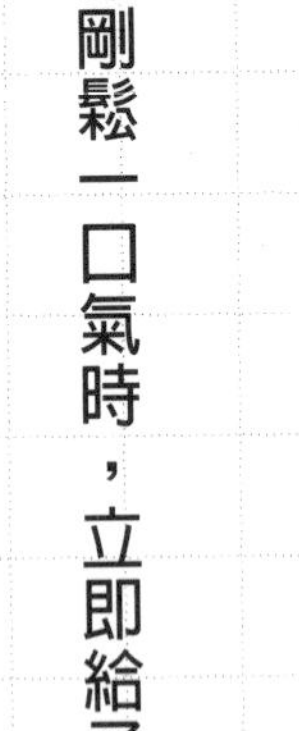

◎一天一次即可，與下屬聊聊天吧

下屬看起來好像有點疲累，不知不覺工作幹勁逐漸減弱。

像這種時候，身爲主管的你要對下屬說些什麼呢？

如果對方找你談話或是發出明確的訊號，那就好辦。否則就不知道應該在什麼樣的時機說話，又該說些什麼話。這是身爲主管的人經常感到頭痛的問題。

如果平常與下屬溝通無礙的話，那就沒有問題，但是主管也有自己的工作要做，很難時時與下屬密切聯繫。

話又說回來，提高下屬的工作幹勁又是主管的重要任務。

而現在許多經理身兼業務與人事管理等工作，光是維持自己的幹勁就已經很費力了，遑論處理下屬的問題。

最理想的情況是經常注意下屬的言行舉止，不過其實就算做不到也沒關係。

只要一天一次就好，與下屬溫馨談話，業績方面就會有驚人的表現。

特別是下屬看起來感覺疲累、缺乏幹勁時，主管的一句話對下屬而言無異打了一劑強心針。

◎對下屬的讚美要選對「時機」說

我擔任業務部長時，曾經因爲嚴苛的目標以及吸收過多下屬的不滿情緒而感到精疲力竭。

業績驟升，我與下屬們也都加班到搭最後一班電車回家。

爲了配合業績成長的目標，所以業績目標不斷提高，這使得我與下屬永遠沒有成就感，感覺非常痛苦。

當時不僅看不到成功的終點，還必須一邊安慰下屬，一邊處理大量業務，同時還要看著變動的業績製作業績預測報告。

那時候眞的感覺非常疲累。

到了月底，最後的數字出爐了。

我在月初向主管報告業績成交件數是七一四件，最後的結果是七一五件。

這時候，我在內心大喊著：「太漂亮了！」

當我以電子郵件向主管報告之後，難得讚美他人的主管回信給我：「橫山，你預測的絲毫不差，**眞有你的**。」

那時候那句**「真有你的」**，我至今仍舊難以忘懷。
其實主管知道我平常的辛苦，也知道我在精神上承受多大的壓力。
在月中忙碌之際無法接收那些慰勞或是鼓勵、嘉獎的話，也沒有心情聽。
主管對下屬說的話，比起內容，其實時間點更重要。

總結

鼓勵疲累或陷入低潮的下屬時，在剛獲得成果、壓力解放時，效果最好。

第4章

如何讓小白下屬也想跟在你身邊

01

團隊齊心協力。

「對於那種沒常識的客戶，放棄算了。」

表明自己一定會跟下屬站在同一陣線

◎板著臉孔的分店長做出令人意想不到的舉動

主管最大的任務就是整合自己帶領的團隊，並且爲公司帶來最大的利益。整合團隊，將團隊合而爲一並且往目標前進，這是理想的狀況，然而現實中的結果卻經常事與願違。

「下屬不聽我的話」、「團員的行動散亂，組織無法順利運作」、「每個人說話都不負責任」等等，相信有很多主管都有類似的煩惱吧。

若是這樣的情況，這個團隊能夠齊心協力嗎？

身爲領導者需要具備許多能力。每個下屬個性不同，對待的方法也就因人而異。不過，在這種情況下也有不變的定律，那就是守護下屬。

這是我上一份工作的故事。

因人事異動而新到任的P分店長總是擺著一副嚴肅臉孔，看起來是個易怒的人。前任店長是個溫和敦厚且具有聲望的人，兩位店長的類型相距太遠，以至於整個分店的氣氛變得非常沉重。

有一天，一位女性職員邊打電話邊哭了起來。

原來是加盟店回收的換約合約書中，有客戶的印鑑漏蓋了，女性職員拜託加盟店重做一份合約書，結果加盟店店長竟然對著女性職員說：「我們這邊也是很忙的。妳今天去客戶那邊拿印鑑過來！」對方絲毫不爲自己的錯誤道歉，還提出無理的要求，這使得女性職員感覺惱怒而哭泣。

這家加盟店是我們分店最大的批發客戶。平常的態度就很大牌，女性職員也不知如何應對。

P分店長聽到這件事，於是接過電話，對男性客戶說：**「你對本公司的女性職員說這種話很沒道理，明明就是你們那邊的失誤，還叫我們要拿印鑑過去，實在是太沒常識了**。如果你們眞的要求我們這麼做的話，抱歉，本公司無法接受，麻煩你們跟其他的信用卡公司合作吧。」

分店長只說了這些話，然後就掛掉電話，繼續做他的工作。

後來分店長對這位女性職員說：「對於沒有常識的客戶，放棄算了。」

◎若把同事視爲家人就有勇氣面對風險

自從發生這件事之後，分店裡的工作氛圍完全改變。全體員工與分店長結合成爲一個堅強的團隊。

雖然是題外話，不過這家分店在六個月後，業績衝到全國第一而獲得公司的表揚。這位分店長的應對並不是每個人都做得到的。

不過，假如哭泣的女性職員是自己的孩子，主管應該也會做出相同的反應吧。

雖然廠商、客戶很重要，不過在身邊工作的下屬應該更加重要才對。

總結

若想要結合團隊成員，主管就要像對待自己的小孩那樣，以愛心對待每一位下屬。

02

與下屬談話要用點心思。

「你覺得那個方法真的會提高利潤嗎？再想一想吧。」

不要給建議，應該反問下屬

◎下屬的「談話」就是「報告」

與下屬談話是主管的重要工作之一。

在這個部分，許多主管都會把「談話」與「報告」搞混。

就如同職場上重視的溝通重點「報告、聯絡、談話」，「報告」與「談話」本來就是兩回事。

不過，一般人都會把下屬的「談話」視爲下屬的「報告」。下屬方面也是一樣，一開始只要明白說是報告就好，但是由於沒有自信，所以說不出報告二字。

主管依照字面上的意思，以爲只是雙方的談話而不斷發表自己的意見，導致下屬的不滿逐漸累積。雖然不容易分辨報告與談話的不同，不過這卻是重要的關鍵點。

我以前也曾經把下屬來我這裡的「談話」照字面解釋，而給了許多我個人的意見，結果卻造成多名下屬的心情跌落谷底。

如前所述，下屬找主管的談話其實幾乎都是報告。

若是報告，就要說出決定性的結果。如果主管干涉下屬的報告，將會否定下屬的想法或是削弱下屬的自我評價。

若是談話，就要觀察下屬是否猶豫不決。只要引導下屬的眞正想法，再給適當的建議就好了。

◎指出錯誤只會招致下屬的反抗

下屬爲了報告而前來見主管時，請主管要以提問的形式應對。

「課長，我有話想找您談。這次的商品我打算設定十％的折扣。」

面對這個談話（下屬內心設定的是報告），主管不能馬上反應「不行喔，怎麼可以降到十％，這樣就沒利潤了。」

應該反問：「如果降十％的話，你覺得會賺錢嗎？」

「會的，原價是○○，廣告費是○○……，所以計算下來一定有利潤。」

「你的成本裡有包含運費跟管理成本嗎？」

如果下屬發現自己的想法有誤，應該就會說：「我再想想看，謝謝。」

無論反問多少次，下屬都不說「我再想想看」的話，主管就要丟出「再考慮一下吧」，以此結束話題。

主管多次反問下屬的想法後再結束談話，這樣下屬也不會心生不滿。

或許有人認爲這樣的處理方式很花時間，太麻煩了。不過人就是這樣，一旦被指出錯誤，就算對方是主管也會產生反抗的心態。

心生反抗則不會產生建設性的想法。如果期盼下屬有所成長的話，請先暫時接受下屬的意見，建立一個下屬能夠以正面情緒思考的環境吧。

總結

與下屬談話時，傾聽且不要否定，並以提問的方式反問。

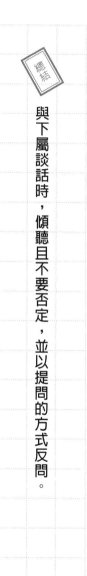

03

讓下屬產生自信。

「這傢伙比我還重視貴公司，是可以信賴的人喔。」

請兜圈子讚美下屬吧

◎直接讚美將產生反效果

有工作能力卻沒有自信的下屬，相信有許多主管不知如何應付這種下屬吧。爲下屬加強自信最好的方法就是，讚美下屬，讓下屬不斷累積小小的成功體驗。透過這些方法，或許能夠讓下屬產生自信。

這些方法聽起來好像都很簡單，不過，實際上面對下屬時，卻是難以實踐。在此，讓我介紹各位一個更簡單而且更有效的方法吧。

對於沒有自信的下屬，或許一般人都會這麼稱讚。

「橫山，你很優秀，要更有自信才好。」

「橫山，你是有優秀才能的人。」

我們通常都是這樣直接稱讚對方的吧。不過，這樣稱讚，下屬就會產生自信嗎？我想，連說這話的主管自己都會覺得難爲情吧。

我二十七歲時遇到R分店長，他是一位十分嚴厲的人。

如果業績做不好就會被店長嚴厲責備，連休假時也要照常上班跑業績。

不過，Ｒ分店長不是只有嚴厲而已，他也是一位照顧下屬的主管。

有一天，我與Ｒ分店長一同拜訪客戶。

「橫山受您照顧了。這傢伙還好嗎？有沒有幫上忙呢？」

「啊啊，有喔，幫我們很多忙呢。」對方連忙回答。然後分店長就像連珠炮似地說了下面這段話。

「橫山在業務上都在爲貴公司著想呢。

「前幾天總公司下令要求我們重新檢視費率，當我指示提高貴公司的價格時，他竟然頂撞我呢。

「他說，如果這麼做的話，不就只有我們公司獲利卻造成客戶虧損嗎？這種事情我說不出口。他**比主管還重視客戶，是個能夠信任的男人喔**。」

◎改變讚美的立場就可以了

對於總公司的漲價指示不滿，反嗆Ｒ分店長是事實。

那時我的反嗆行爲被主管斥責而失去自信。

同行拜訪那天，由於R分店長對於拜訪公司的社長表示我是**「能夠信任的男人」**，這讓我知道雖然R分店長很生氣，但同時也對我有所肯定，因此我感到很開心，對工作又重拾信心了。

當然，因爲是工作，追求自己公司的利益最重要。雖然當初我的言行舉止可能太過分，不過就算R分店長責備我的反抗行爲，其實也讚賞我的氣魄。

直接讚美下屬很難爲情也很不容易，不過像我前主管那樣兜個圈子讚美下屬的方式，卻是意外的簡單呢。

介紹時讚美或是本人不在場時讚美，這種繞圈子的讚美方式都能夠在不難爲情的情況下讚美對方，下屬也能夠敞開心胸地接受。

總結

對於沒有自信的下屬可採取繞圈子讚美的方式。

04

消除下屬的不安情緒。

「我相信你，全權交給你處理。」

請不要相信「成果」，要相信「成長」

◎阻絕下屬「想轉嫁責任的想法」

「那麼重大的任務，我擔心自己是否能夠完成。」

「不知道大家能不能跟上我的做法，對此我感到很不安。」

如果下屬說出這些話，身為主管的人該怎麼辦呢？

任何人都曾經擔心過工作是否能夠順利完成吧。如果沒有這種情緒的話，大概就是那種不會嘗試挑戰，只處理每天例行公事的人吧。

說出內心不安的下屬並非沒有能力，而是希望有人能夠推他們一把。

下屬對主管說出內心的不安，這是希望主管承擔部分責任的表現。

「這個專案的領導，也就是主管你選擇我來負責這項任務，如果失敗的話，你也要負一部分責任喔。」就是這樣的心態。

關於這種情況的因應對策，主管當然可以直接表明「責任我來扛」，但是如果這麼做，下屬將永遠無法成長。

這也跟下屬的能力有關，如果面對的是有能力的下屬，就請試著阻絕下屬想轉嫁責任的想法吧。

「課長，關於這次的專案，我擔心會辜負長官的期待。」

「你擔心什麼呢？」

「我擔心運作系統的改革，因為團員中也有年長的前輩，我沒把握他們是不是能做好。」

「放心啦，**我相信你的能力**。」

◎以下屬為主的思考方式就能夠順利進行

「我相信你」這句話會激勵下屬的工作幹勁。

受到主管信任，被賦予重要任務的喜悅程度，遠遠超過主管強調責任重大的程度。

由於**「我相信你」**這句話，也消除下屬想讓主管承擔一部分責任的狹隘想法。

當然主管也要真正相信下屬，並把一切工作託付給下屬。

這樣下屬不僅會成長，主管自己與下屬的信賴關係也會更加緊密。

還有，當我在演講中提及這個單元時，曾經被問道：「我相信下屬，但是如果被辜負的話，該怎麼辦呢？」

我想，這位提問者誤解了「相信」這個詞彙的意義。
被辜負指自己期望的成果沒有達成。
這是以自我爲中心的思考方式。
所謂「相信」指將一切託付給下屬，當然也包含失敗。
所謂「相信」，指的是信任下屬、守護下屬，並非專注在結果上。
也就是以下屬爲主的思考方式。

總結

對於內心感到不安的下屬，請試著「相信」並由下屬全權處理。

05

培養下屬的協調性。

「你明明就這麼優秀，但是卻沒有考慮對方的情況做事，這點我無法認同你。」

具體說出客觀事實來指正下屬

◎具備戰勝無能下屬的智慧

經常聽到許多主管提及不知如何處理自我中心且缺乏協調性的下屬。

自我中心且缺乏協調性的下屬顯然缺乏自我評價。

這話怎麼說呢？因爲這種下屬能力雖強，但是不善溝通，以至於無法獲得自己預期的讚賞。

所以，如果主管肯定這種下屬、提高其自我評價的話，或許能夠獲得些許改善。但如果主管一味地把重心放在自我中心的下屬身上，也會造成其他員工失去工作幹勁。

因此，以下我將介紹應對的方式，而非改善的方法。

我之所以提出這個議題，是因爲有善良又單純的主管會受到任性下屬的影響而感覺心痛，甚至有的主管因此而罹患憂鬱症。

或許下屬也感覺痛苦，但是主管也不好過。

雖然沒有完美的改善對策，但是卻有因應對策。

◎如何讓下屬不要覺得「爲什麼只有我……」

首先，當下屬採取了正確的行爲時，請一定要確實稱讚：「〇〇，你做的很好喔。」

反過來說，對於破壞部門內部的工作氣氛之行爲，也請以堅毅的態度對待。

「你上個月業績做得很好，這樣很棒。只是，你不考慮別人的狀況就把工作丟給女同事，這種行爲如果不改善的話，公司就沒辦法給你正面的肯定。」

對於自我中心而且欠缺協調性的下屬，請先說出其優點，提高下屬的自我評價，然後再清楚指出錯誤行動的事實。

爲了不讓下屬覺得「爲什麼只有我被罵」，主管指出錯誤時，請一定要根據客觀事實評論。

還有，也絕對不要在衆人面前讓下屬丟臉。與下屬私下相處時再指正對方的缺點。

「每個人都很努力，爲什麼你卻不認眞投入工作呢？」

「人家〇〇都已經完成幾件工作了。」

不管面對什麼樣的下屬，都不能像這樣拿其他員工來比較，特別是本單元討論的這類型下屬，更是要避免。

任何人都討厭自尊心受到傷害或是被嘲笑，特別是這類型的人表面上氣焰高漲，其實內心卻非常在意他人的看法。

最後，希望身爲主管的人知道一件事，自我中心且協調性差的人並不是個性差，而是**得不到他人的肯定，自我評價過低而已**，請主管務必瞭解這點。

指責下屬時，盡量不要流於情緒，請相信當事人自己也是很痛苦的。

還有，也請提高下屬看重自己的程度吧。

總結

對於自我中心且協調性差的下屬，應該說出客觀事實，提高下屬本人的自我評價。

06

與年長的下屬好好相處。

「○○，你經驗比較豐富，
像這種時候應該怎麼處理呢？
請你指導一下大家。」

!

維持下屬的自尊心，提高下屬的工作幹勁吧

◎主管只是「達成目標的能力高而已」

在現今的時代，年功序列的論資排輩制度早已瓦解，現在手底下有比自己年長的下屬一點也不稀奇。

若是一歲或兩歲的差距還不打緊，若是差了五歲以上的話，應該就很難使喚了吧。以下屬的立場來說也是一樣，在工作上要聽人生歷練比自己少的人，這種滋味眞是不好受。

首先，希望身爲主管的你要明白一點，**你之所以能夠成爲主管，是因爲你擁有公司要求達成目標的能力，而且這個能力比其他人強，但這並不代表你在其他各面向的能力都比下屬優秀**。

就算是下屬，如果比你年長的話，其工作經驗與人生閱歷都會比你豐富。

請別誤以爲自己在所有面向都比下屬優秀。

若以這樣的認知思考的話，答案自然就會出來。

這個答案就是，尊敬年長下屬所累積的經驗。

「以你的經驗來看，像這種時候應該怎麼辦才好？」

「我聽說你的實務經驗豐富，請問針對現場的客訴問題，怎麼處理比較恰當呢？」

像這樣請教年長下屬，也能夠維持下屬的自尊心。

無論是年長或年輕，下屬會信任認同自己的主管。

特別是年長的下屬面對你時會抱持自卑感，若是能夠去除下屬的這種想法，下屬自然會忽略年紀的因素而全力相助。一般來說，不用擔心自己比較年輕，就不被年長下屬看在眼裡。

◎絕對不要管理・教育年長的下屬

對於年長下屬，請務必做到以下三點。

①喊對方名字時要加上先生/小姐以示尊重；

②使用敬語；

③不要以高高在上的態度說話。

面對年長下屬時，請避免表現出管理、教育的態度。

盡量讓年長下屬**基於自由意志完成工作**。

管理上不要干涉太多。明確指示期待的目標之後，盡量不要插手干預。只是，雖說是年長下屬，下屬的行爲結果仍舊是你的責任。因此，只有報告這件事絕對不能省略，請務必要求下屬定期向你報告。

雖說下屬年紀稍長，也不用過於小心謹愼。

就算多些顧慮，也要跟對待其他下屬一樣，應該注意的事情還是得確實盯緊。只是像這種時候就要私下進行，避免在衆人面前提醒年長下屬。

年長下屬擁有人生歷練，他們的存在値得依靠。相信他們、把工作委託給他們，大大地仰賴他們的經驗吧。透過這樣的對待，相信他們的表現一定能夠迎合你的期待。

總結

對於年長下屬應該抱持著敬意與他們商量，以希望得到協助的立場面對他們。不過，該提醒時還是得盯緊他們。

第5章

如何讓女性下屬定下心來好好工作

01

沒有通融的餘地。

「這件工作能夠幫忙的只有妳了，拜託一下。」

認同對方的優點，訴諸對方的同理心

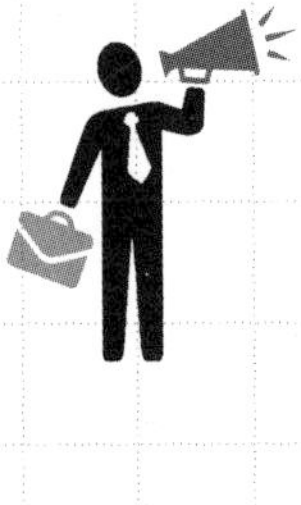

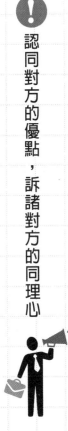

◎絕對不說大話，這就是女性的風格

「你突然這樣要求，我辦不到啦！」

「什麼呀，這樣時間絕對來不及啦！」

對於主管的指令，經常聽到女性下屬這種回答。

相對於男性下屬，絕大多數的女性下屬會做出這樣的反應。

這絕對不是因爲女性的能力差。

男性領導者都會說「我們大家一起努力，做出高於預算的數倍成績，努力獲得社長獎吧！」或是「利用我們大家的力量，創造日本第一的公司吧！」

男性傾向於追求夢想，也會陳述腦中的理想畫面。相對於男性的浪漫，女性就比較傾向現實主義。身爲主管的你請先瞭解這點，再來面對女性下屬。

◎要設定眼前的小目標

當女性下屬說：「你突然這樣要求，我辦不到啦！」

身為主管的你不能籠統地指示對方「妳自己想想有沒有什麼辦法能夠達成」或是「反正妳只要做這件事就好了」。

請確實判斷對方的長處，根據對方的優點安排工作。

「這件工作能夠拜託的只有○○小姐妳了。」

「因為○○小姐很熟悉Excel計算，所以這件工作只能拜託妳了。」

如果明白主管瞭解自己，也對自己抱持著期望才來拜託這件工作的話，女性下屬就會主動思考完成工作的方法。

關於目標的設定，男性多半會設定包含遠大夢想的目標，不過，對於女性下屬，請設定眼前能夠完成的現實目標，例如「這個月將會接到一百家公司的訂單，所以希望妳做好輸入大量傳票的準備。」

◎記得訴諸同理心

還有，**女性討厭一成不變的對話**。

「ＡＢＣ商事對於付款時間很計較，可以先處理嗎？」

「不行啦，我這邊都是依照傳票送回來的順序處理的。」

「如果十二點前沒有入賬的話，就會被對方抱怨了啦。」

「若是這樣的話，那就請你好好地跟ＡＢＣ商事說明我們公司的規則。」

如果你的說法像下面這樣，情況會如何呢？

「想拜託○○小姐一件事。」

「什麼事？」

「ＡＢＣ商事那邊對於付款時間很計較，可以請○○小姐幫忙一下嗎？」

女性的同理心較高，比較能夠瞭解對方的心情，如果針對這點提出請求，事情的運作就會比較順利。

總結

面對討厭一成不變的女性下屬時，除了具體的指令之外，還要肯定對方擅長的技能，然後再來請託工作。

02

因情緒性的問題而無法負擔工作。

「這一個小時，我會好好聽妳說。」

撥出一個時段扮演聆聽的角色

◎絕對不能否定女性的情緒

我這麼說或許會被女性讀者反駁，不過不單單是我自己，我想男性朋友們面對情緒性的女性時，應該都會不知所措吧。

有的女性員工反應歇斯底里，一被主管說重話就會哭泣或變得激動，本來只是想好好跟她們說話，不知爲何卻遭到不合邏輯的情緒反抗。坦白說，有時候眞的不知該如何處理這種情況。

只是，可以確定的一點是，女性一定是因爲某個理由才會變得情緒化。

我有位前輩非常擅長運用女性下屬。以下我把從前輩那裡學到的技巧分享給各位。

①當女性出現情緒性反應時，不要完全否定對方說的話，應該附和對方並聆聽。

②當對方說話告一段落時，要讓對方知道自己明白對方有多辛苦、處境有多困難。

③接著要確認對方所說的是否屬實。

當女性生氣的原因是人際關係時，對方一定也有自己的理由，也或許問題出在工作上的安排，不過，有時候光是聆聽就能夠讓女性下屬消氣。

◎耐心等待直到對方停止哭泣

A小姐說：「就算我連續加班好幾天，課長也不會多問兩句。然而B小姐假日加班時，我就聽到課長在星期一時對她說辛苦了。」

部長：**「原來如此。忙到需要加班，眞的很辛苦啊。我瞭解妳想要聽到課長的慰勞與關心。」**

A小姐：「我明明就這麼努力，但是課長卻偏袒只顧著聊天的B小姐，這樣眞的很過分（哭）。」

當女性員工哭泣時，身爲主管的人只能靜靜守候，直到對方停止哭泣。無須感到坐立不安。聽對方說完，瞭解對方的心情之後，掌握實際的工作內容與狀況，然後讓對方知道你會如何處理。針對員工之間的不公平，請參考其他單元（本書一七四頁等）。

情緒性的人很容易感覺自己能力差，但是多半是擁有溫柔而豐富的情感。她們重感情多於邏輯，這或許就是男性腦與女性腦的差別吧。

發洩情緒時，通常是因爲她們的自我評價低落，透過仔細聆聽能夠提高她們的自我評價。只是，主管不可以無上限地聆聽，必須撥出一段時間處理才行。

我個人的感覺大約是三十分鐘，最長不超過一個小時。當對方發洩告一段落後，再說出主管這邊的改善對策。

總結

對於情緒性的女性下屬，要撥出一個時段聆聽她們說話。

03

淨說些抱怨的話。

「每天都忙到這麼晚，辛苦了。謝謝妳的幫忙。」

！清楚說出内心的關懷

◎雖然無法完全消除抱怨，但卻能夠減少抱怨的頻率

員工無論男女，都會對公司或主管心存不滿。
只是，不滿的原因與應對方式稍有不同。
男性員工多半對於評價、審核、薪資等感到不滿，相對於此，女性員工的問題則非常多樣化，例如工作環境、人際關係、待遇等。
在此，我將說明如何減少女性下屬的不滿。
以下舉出一些女性下屬的不滿聲音。
「無法理解主管的指示。」
「沒辦法好好休假。」
「工作既單調又無趣。」
我想任何公司多少都曾經聽過這類的不滿聲音。
說出不滿的人自己也有問題，所以沒有完美的解決對策，不過透過主管的關心，某種程度可以減少不滿發生的頻率。

◎正因爲你是主管，請讓下屬看到你付出的關心吧

聽到女性員工抱怨「工作太忙了！」、「這種狀態再持續下去的話，我的身體會負荷不了。」、「這工作太累了，我打算辭職。」等等，應該有許多主管不知如何處理吧。

身爲主管的人也是希望能夠盡量減輕下屬的負擔，建立一個舒適的工作環境。

但是，企業是營利單位，也處於競爭的環境中，市場上當然也有其他競爭對手。公司不僅得面對員工工作環境以外的許多問題，當然也會發生必須把負擔強加在員工身上的情況。

因此，身爲主管的人能做的就是「關心」。

當女性下屬說「工作太忙了」，這句話其實**還沒說完**。

「我工作這麼忙碌而且認眞努力，你卻不瞭解。」

「我工作這麼忙碌而且認眞努力，身爲主管的你卻一副理所當然的樣子，連一句關心的話也沒有。」

總之，比起工作本身的忙碌，女性員工更不滿的是，主管不瞭解在忙碌情境下工作的員工心情。

工作量無法立即調整，但是對下屬的慰勞卻能夠馬上實行。

「每天都忙到這麼晚，辛苦了。謝謝妳。」請說出你的感謝之意吧。

另外，平常只要簡單的一句話加上主管自己的「關心」，員工的不滿情緒就會大幅降低。

早晨的一句「早安」，下班前的一句「辛苦囉」，員工完成某項工作時說聲「謝謝」等等。

說這些話不需要特殊技巧。對於努力不懈的下屬，請誠摯地表達自己內心的感謝吧。

總結

對女性下屬的感謝，只能以言語表達。
請清楚表達「謝謝妳」、「幫了我一個大忙」的心情。

04

主張遭受不公平對待。

「每個月面談一次，每次十分鐘。」

！請持續進行定期面談

◎應對稍有不同就可能造成傷害

「每次都要我做吃力不討好的工作……」

「明明就是我的工作能力比較好，卻總是○○小姐受到長官稱讚……」

「感覺只要○○小姐在的時候，主管就會送東西來給我們吃。」

就算主管有心想要平等對待所有員工，也經常會聽到女性下屬抱怨主管不公平。果眞是下屬的誤解嗎？

女性下屬會仔細觀察主管的行動。男性員工比較著眼於較大事件，例如與同事比較業績、簡報能力等，而女性員工則較爲纖細，經常會看到男性沒有發現的小細節。

舉例來說，我在外面跑業務時弄髒了領帶，於是在車站買條新領帶替換，回到辦公室後，一定是女性員工發現我換了領帶。男性員工搞不好連我換了西裝都不會發現呢。

我曾經與某位女性員工談話。她非常不滿直屬上司對待她與對待其他同事的態度不同。我聽了她的理由，自己也感到非常訝異。

她的理由是，直屬上司對於同事A是看著眼睛打招呼，但是對她打招呼時卻不看她的眼睛。她還說些其他各種理由，不過，最令她感到不滿的就是沒有與她眼神交會打招呼這件事。

我與她的直屬上司確認後，對方回答這不是他有意識做出來的行爲，所以完全沒有印象。

於是我告訴這位主管，既然知道這不是故意的行爲，今後就要有意識提醒自己，對任何人打招呼時都要記得注視對方的眼睛。

◎持續進行十分鐘的會面

主管當然應該平等對待自己的下屬，只是現實中無法每件事都能夠做到一律平等。這是因爲主管的狀況、下屬的個性，還有性情相投等問題，有太多的因素會影響日常的行動。

爲此，若不想讓下屬產生不公平的感覺，建議主管應該定期與下屬談話。

就算只有十分鐘也無妨，請盡量聆聽下屬的心聲。

然後，也請告訴下屬**「如果有任何煩惱，請隨時找我，不用客氣。」**

與下屬談話時，請盡可能聽下屬說話。

沒有主管會討厭跟下屬談話，但是卻有主管會逃避與滿口怨言的下屬談話。請記住，你想逃避的心情自然會傳遞給對方，還有，這也是造成對方誤解的原因。

覺得自己不擅長與下屬說話的人，更應該積極採取行動，這是最佳祕技。

總結

對於宣稱遭受主管不公平對待的女性下屬，請定期進行面談，建立良好的關係。

05

明顯地依賴。

「我很感謝妳這麼努力，
只是這件工作
一定要在今天之內完成。」

讚美、信任、指導

◎正、負面合併思考

女性員工當中，總是有人非常依賴他人。

爲什麼人會想要依賴別人呢？

①因爲對自己沒有自信；

②因爲害怕負責任；

③如果有人承擔責任，自己就能夠感到放心。

這類型的人的特色是認眞而且值得信賴，從好的方面來說是這樣，不過也有下列幾個問題。

①不擅長自發性地行動；

②不擅長爲結果負責；

③容易產生煩惱與問題。

最後很可能會在團隊中引爆問題。
我們無法立即改變下屬的特質，但是能夠讓他們產生工作幹勁。

◎記得進行雙向的交流

像①那樣不擅長主動行動的人，通常都是非常努力而且認眞，他們會確實完成上面交代的任務。由於這種人不是被斥責才奮發向上的人，所以肯定他們完成的工作更能夠維持工作幹勁。

比起積極投入新事物，他們更擅長確實完成例行工作。讓他們負擔責任，信任他們並且交付工作，透過這些方式促使他們養成自立的習慣。

面對②這種不擅長爲發生的結果扛起責任的人，交代工作時，請具體說明工作內容與完成期限。

讓他們負起責任，透過這樣的方式讓他們清楚瞭解自己被委託的工作。

③容易產生煩惱與問題的人通常不善於人際關係，也很容易陷入低潮。

當部屬落入低潮，臉上呈現不開心的表情時，很容易影響團隊的士氣。最有效的做法就是平常多關心他們。

「妳的工作態度眞的很認眞。」

「○○的文件內容總是寫得清楚易懂。」

就像這樣，請肯定下屬的優點並且大聲說出口。

依賴型的人會因爲主管的肯定而成長，不過，發生問題時還是必須予以警惕。當問題看起來越來越嚴重時，不要由主管一個人承擔責任，建議要請主任、經理等人一同參與，衆人一起面對。因爲主管也必須保護自己本身。

另外，與其一味地責備下屬，更好的做法是聽聽下屬的說法，同時主管自己也要清楚說明希望對方調整的部分。雙方互相尊重，並且一起商量解決對策。

總結

依賴型的下屬適合例行性工作。

肯定並且信任下屬的話，雙方就會產生信賴關係。

提醒對方時，不要由主管一個人面對，

兩名以上的主管一起列席聆聽，並且商量預防對策。

06

過於謹慎。

「妳的○○能力非常好，
請一定要運用這個能力提高業績。
我一定會支持妳的！」

階段性地說出自己的想法，並且提高下屬的工作動力！

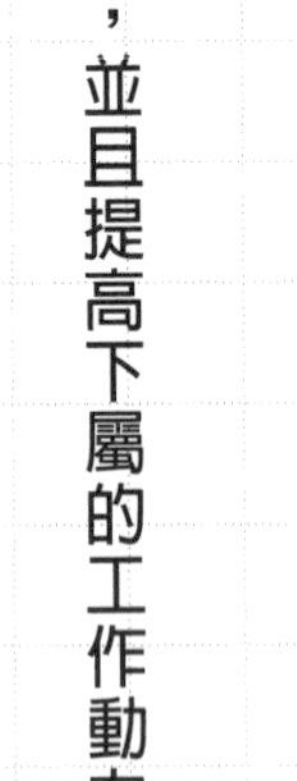

◎利用五階段的詳細指示，提高下屬的工作動力

拔擢下屬擔任大型專案的領導者或是升爲管理職時，男性員工會歡喜接受，但多半的女性員工則會回答「這樣的重大任務，我的負擔太重」、「我沒有自信達成這個任務」。

提供下屬挑戰新事物的機會時，主管通常都會期待下屬立刻答應。

面對猶豫的女性下屬時，主管該如何應對才好呢？

獲得挑戰的機會時，無論女性或男性都會因爲主管的肯定而感到高興。

只是，女性不會像男性那樣積極思考，而是把目光放在萬一失敗時的壞處。

在餐廳點餐時，在店裡決定挑選哪件衣服時，猶豫不決的不都是女性較多嗎？這都是因爲她們無法承受失敗的緣故。

交付新工作給具備相同能力的下屬時，會獲得大成功的是男性，但成功率高的卻是女性。討厭失敗的女性會謹愼進行工作，所以不會犯下大錯。

只是，女性的問題在於她們的負面發言比男性多。

對於男性下屬，只要說「交給你了，請你下定決心全力投入」就夠了，但是面對

女性員工時，還必須給予稍微具體的指令才行。

①肯定——「爲什麼要委託妳做這份工作？」
②說明狀況——「目前這個部分做得不是很順利。」
③需要的結果——「希望藉由妳的力量達到那樣的狀態。」
④利益——「如果成功的話，大家都會感謝妳喔。」
⑤支援——「我會隨時支援妳的，有任何困難都來找我談。」

如果像這樣依照步驟指示女性下屬，應該就沒問題了。

◎要求的結果是「最近的將來」

請記住，一開始的發言總是缺乏自信，這是無法果斷決定的女性之特質。但是這絕對不表示女性的能力比男性差。

稱讚時，稱讚過去的業績對於男性下屬有效，但是對於女性下屬時，請稱讚她們的內在性格吧。

「妳總是會注意小細節……」

「關心身邊的同事，真貼心……」

對女性下屬要求的目標請盡量設定在最近的將來。應該分階段說明，而非一下子就設定遠大的目標。

至於利益方面，就算不是男性重視的升官、加薪，如果能夠獲得眾人的肯定，女性員工也會感到非常高興。

總結

對於太過謹慎而怯於挑戰的女性下屬，要肯定她們的內在特質，並且具體說明主管要求的目標。

07

把麻煩的工作推給其他同事。

「這應該不是妳的工作吧，妳還會幫同事的忙喔，謝謝妳！」

！要掌握下屬的詳細工作內容

◎你是否順利融入女性下屬的工作領域

第一章「不接電話的下屬」（本書第五〇頁）單元曾經提過，有的下屬會把不討喜的麻煩事推給其他同事或後輩。

處理這種事很頭痛，卻是主管的重要任務。

把麻煩事推給別人做的不是只有女性員工，不過若是男性員工的話，馬上就會傳到主管耳中。

女性員工不會把每件事都說給主管聽。

還有，把麻煩事推給別人做的，也是女性員工居多。

理由是環境的關係。因爲男性主管會仔細地掌握男性下屬的工作，但是對於女性下屬的工作，卻有不要介入太多的不成文規定。

另外，就算主管知道女性下屬把工作推給別人，也因爲對方是女性，所以比較難提出警告。

不過，如果這種事處理得不清不楚，女性員工們就會給主管貼上不公平的標籤，也會導致越來越多下屬只做主管吩咐的工作。

◎工作上的大小事都必須掌握清楚

若想要解決這類的問題，身爲主管的人就要清楚掌握女性下屬的工作。

請女性下屬好好地檢視一下自己的工作內容，將自己的工作製成一覽表。除了工作內容之外，也要寫上作業時間。除了份內的工作之外，其他部門經常請託的工作，或是替忙碌的同事處理的工作等也都要條列出來。

主管自己也有工作要做，或許不容易掌握所有下屬的工作，但是主管的工作本來就是管理下屬。

請清楚認知改善下屬的工作環境與提高下屬的工作效率是主管的最大職責。公司方面也必須瞭解這點。

如果主管清楚瞭解下屬的工作內容，就不會輕易地強迫下屬做麻煩的工作。

還有，主管必須確實決定工作分配，清楚指示誰負責什麼工作。

這麼一來，女性員工該負責的工作就會變得很清楚。

這樣主管就能夠知道女性員工做的工作是她原本應該負責的工作，還是好意幫同事做的工作。

爲了不讓女性員工感覺主管偏心或不公平，也爲了不讓女性員工感覺主管管得太瑣碎，主管掌握下屬的工作分配之後，相信她們並且全權交給她們自己處理，然後再透過定期性的談話或報告監督。

「○○，妳做完自己的工作後，也請幫同事做啊，謝謝妳！」

如果說得出這樣的評語，表示主管詳細地掌握下屬的工作，把麻煩事推給別人做的風氣也就逐漸消失。

請主管一開始就清楚說明團隊的目標，並且安排好每個人的工作，例如誰負責哪個部分，責任在誰身上，由誰負責在哪個時間報告等等。

這麼做的話，下屬之間的不公平感也會逐漸消失。

總結

對於把工作推給別人做的女性下屬，主管要主動掌握工作內容，並且給予明確的工作指示。

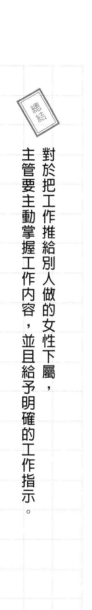

結語

感謝讀者讀完本書。

本書所寫的，絕非只是表面上所讀到的技巧而已。也不是要主管輕視下屬，以自己的想法任意爲之。應該掌握下屬內心眞正的想法，也讓下屬確實明白你的想法。

我寫這本書是爲了讓讀者能夠瞭解溝通的精髓。

就算不使用本書建議的說法，只要瞭解下屬的心情，以你自己的說法與下屬溝通也是可以的。

所謂溝通，指的不是語言，內心深處的想法更重要。

如果本書在各位與下屬建立良好的人際關係時有任何幫助，那就太好了。

橫山信治

ideaman 86

再難搞的下屬都能帶！從此不再爆青筋的42個應對下屬的技巧

原書書名——100回言ってもできないダメ部下を動かす上司の言葉
原出版社——株式会社KADOKAWA（中経）
作　　者——橫山信治

翻　　譯——陳美瑛
企劃選書——劉枚瑛
責任編輯——劉枚瑛
版 權 部——吳亭儀、翁靜如
行銷業務——林彥伶、石一志
總 編 輯——何宜珍
總 經 理——彭之琬
發 行 人——何飛鵬

法律顧問——台英國際商務法律事務所　羅明通律師
出　　版——商周出版
臺北市中山區民生東路二段141號9樓
電話：(02) 2500-7008　傳真：(02) 2500-7759
E-mail：bwp.service@cite.com.tw
發　　行——英屬蓋曼群島商家庭傳媒股份有限公司城邦分公司
臺北市中山區民生東路二段141號2樓
讀者服務專線：0800-020-299　24小時傳真服務：(02)2517-0999
讀者服務信箱E-mail：cs@cite.com.tw
劃撥帳號——19833503　戶名：英屬蓋曼群島商家庭傳媒股份有限公司城邦分公司
訂購服務——書虫股份有限公司客服專線：(02)2500-7718；2500-7719
服務時間——週一至週五上午09:30-12:00；下午13:30-17:00
24小時傳真專線：(02)2500-1990；2500-1991
劃撥帳號：19863813　戶名：書虫股份有限公司
E-mail：service@readingclub.com.tw
香港發行所——城邦(香港)出版集團有限公司
香港灣仔駱克道193號東超商業中心1樓
電話：(852) 2508 6231傳真：(852) 2578 9337
馬新發行所——城邦(馬新)出版集團
Cité (M) Sdn. Bhd. (458372U) 11, Jalan 30D/146, Desa Tasik, Sungai Besi,
57000 Kuala Lumpur, Malaysia.
電話：603-90563833　傳真：603-90562833
行政院新聞局北市業字第913號

設　　計——copy
印　　刷——卡樂彩色製版印刷有限公司
經 銷 商——聯合發行股份有限公司　新北市231新店區寶橋路235巷6弄6號2樓
電話：(02)2668-9005　傳真：(02)2668-9790

2016年（民105）04月07日初版　Printed in Taiwan　定價280元　城邦讀書花園 www.cite.com.tw

ISBN 978-986-92880-3-3
商周出版部落格——http://bwp25007008.pixnet.net/blog

國家圖書館出版品預行編目

再難搞的下屬都能帶！從此不再爆青筋的42個應對下屬的技巧 / 橫山信治著；陳美瑛譯.
-- 初版. -- 臺北市：商周出版：家庭傳媒城邦分公司發行, 民105.04　192面；14.8x21公分
譯自：100回言ってもできないダメ部下を動かす上司の言葉
ISBN 978-986-92880-3-3 (平裝)
1. 企業領導　2. 組織管理　　494.2　　105002959

100KAI ITTEMO DEKINAI DAMEBUKA WO UGOKASU JOUSHI NO KOTOBA